INTERIOR
Prompt Design And Expression
室内快题设计与表达

编　著：绘世界考研快题训练营

主　编：金 山　王成虎　马 俊

总策划：张光辉

中国林业出版社

China Forestry Publishing House

图书在版编目（ＣＩＰ）数据

室内快题设计与表达 / 金山, 王成虎, 马俊 主编. –– 北京 : 中国林业出版社, 2018.5（2024.1重印）

ISBN 978-7-5038-9595-1

Ⅰ.①室… Ⅱ.①金… ②王… ③马… Ⅲ.①室内装\饰设计 – 教学研究 Ⅳ.①TU238.2

中国版本图书馆CIP数据核字(2018)第114438号

编　著：绘世界考研快题训练营
本书主编：金　山　王成虎　马　俊

中国林业出版社
责任编辑：薛瑞琦
出版咨询：（010）83143569

出版：中国林业出版社（北京西城区刘海胡同7号 100009）
网站：http://www.forestry.gov.cn/lycb.html
印刷：河北京平诚乾印刷有限公司
发行：中国林业出版社
电话：（010）83143593
版次：2018年6月第1版
印次：2024年1月第3次
开本：889mm×1194mm 1/12
印张：16
字数：200千字
定价：68.00元

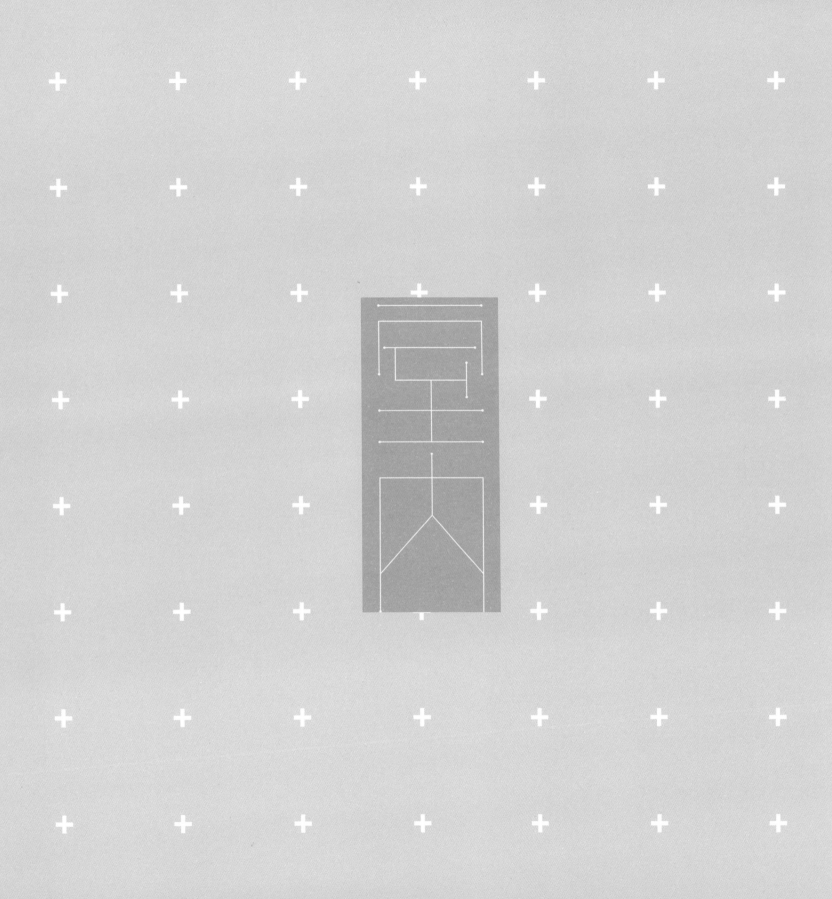

教 之 道 · 贵 以 专

前言
Preface

室内设计是包括功能、材料、工艺、造价、审美形式、艺术风格、精神意念等各种因素综合的创作。而快速设计又是用极短时间综合这些元素进行有机组合，完成设计表达的过程。编者在教学的过程中发现学员对于室内快题设计缺乏一个系统的认识，各个零散的知识点缺少整合和挖掘，遂将个人长期的教学经验进行系统总结整理。

本书第一、二章对快题设计进行概括阐述，提出一套适合短期提高快题能力的学习方法和方向。第三、四章以图面表达为主线，详细介绍了快题各图绘制技巧和要领。对于提高设计表达能起到重要作用。第五、六章较为全面地介绍了常见考题类型的设计原则和要领，并附带一些快题成果和评析。对于应试者拓宽视野、打开思路有很大帮助。第七章解答了在快题设计中常见各类疑问。第八章点评了一些快题作品，让初学者对快题设计有更全面的认识。

书中所选案例大部分为绘世界学员针对考研实际考题和快题练习作业，在此向各位提供作品的绘世界学员表示感谢，同时谢谢在此编书过程中给予意见并付出努力的同仁。

本书编著旨在对环境艺术设计专业室内方向在校学生在方案能力提升上有所帮助，能对考研的学生或即将需要入职考试的设计者在表达和设计上起到全面的指导。由于编者水平有限，时间仓促，难免存在遗漏、欠缺和错误，敬请广大读者不吝赐教。

金 山 于绘世界
2017.12

导读

Introduction

本书是根据室内快题设计教学经验总结出一套较为完善的教学成果，由执教多年的一线教师编写。

全书以室内设计为研究对象，从室内基础尺度、家居陈设、空间类型、环境营造等方面展开，既引导应试者打开做方案的思维；又通过对室内快题设计中各类图纸的画法由浅入深的讲解，力求初学者在绘图的过程中做到图面清晰无误，表达方式娴熟。本书罗列了快速设计室内方向常见考题类型和方式，阐述了不同类型设计要点和规范，辅以优秀的快题成果展示和点评，期望对初学者学习快题设计有所裨益。

本书可作为环境艺术设计专业室内方向学生辅助用书，作为即将考研室内方向的学生学习用书，亦可作为需要进行室内设计工作笔试或相关专业从业者的参考用书。

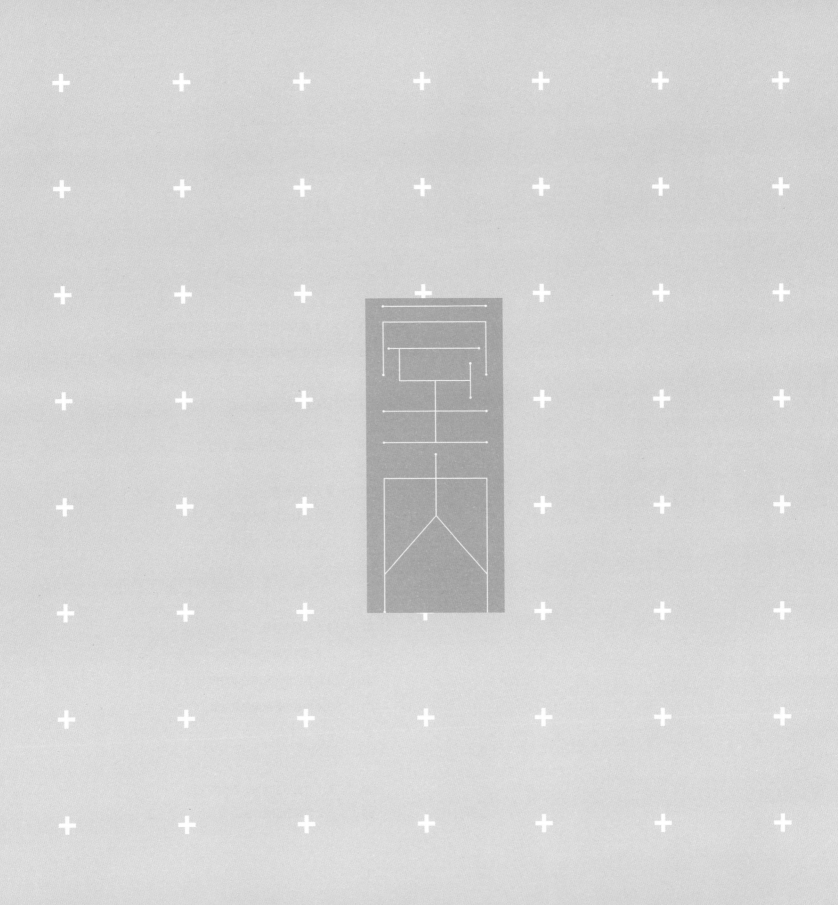

Contents

前言

导读

12   第一章　快题概论

13   1.1 室内设计专业快速设计的重要性

13   1.2 室内快速设计常见考察类型与时间安排

15   1.3 优秀室内专业快速设计成果的特点

18   1.4 室内快速设计流程

20   第二章　快速设计学习方法

21   2.1 素材积累

23   2.2 进阶式方法的使用

23   2.3 绘图前的准备工作

26   第三章　室内快题的表达设计

27   3.1 识图与表达

31   3.2 室内空间常见类型

32   3.3 室内空间常用分隔方式

33   3.4 快速设计常用尺度规范

35   第四章　室内空间界面的设计表达

36   4.1 立面图图面表达与绘制步骤

39   4.2 室内吊顶设计表达

40　　4.3 详图图面表达

42　　第五章 室内空间效果的设计表达

43　　5.1 室内线稿的表现方式

44　　5.2 室内线稿尺规制图类型

46　　5.3 室内线稿尺规制图步骤详解

61　　5.4 室内效果图线稿参考

73　　5.5 室内线稿着色技法与赏析

82　　第六章 室内专业快速考试实例分析

83　　6.1 家居空间

85　　6.2 办公空间

88　　6.3 餐饮空间

91　　6.4 售楼部空间

94　　6.5 服装店空间

97　　6.6 书吧接待空间

100　　6.7 大堂接待空间

102　　第七章 常见学习疑问简析

103　　7.1 快题表达类学习疑问解析

104　　7.2 快题设计类学习疑问解析

105　　7.3 快题综合类学习疑问解析

106　　7.4 自由式考题类型

106　　7.5 限定式考题类型

108　　第八章 室内快题作品与点评

187　　参考文献

第一章　快题概论

1.1 室内设计专业快速设计的重要性

1.1.1 快速设计成果能反映应试人员设计能力和培养潜力

应试者需要在较短时间完成对应的设计和绘图任务，对速度和效率要求较高。作为一种较为公正的测试方式，其成果可以反映出应试者的综合分析能力、解决设计问题的能力、空间营造能力、图纸表达能力和一定的色彩搭配能力。也能根据成果判断应试者的培养潜力和学习力。

室内快速设计能力包括合理平面功能布置能力、立面造型设计能力、空间营造能力等。快速设计成果可以看出应试者综合优缺点，如是否具有清晰的逻辑思维方式、熟练而规范的作图方法、严谨的处理细节能力。

1.1.2 快速设计是开启设计创意思维的一把钥匙

在快速设计表达过程中，通过思维和动手进行互动和互进，一些不同的想法会逐渐浮现出来，然后选择最优的方案表达出来。训练这种独立思考的过程有利于形成敏捷的思维能力，也能提高创作能力和审美意识。而这种创新能力、审美意识和逻辑思维能力是室内设计师的重要素养。

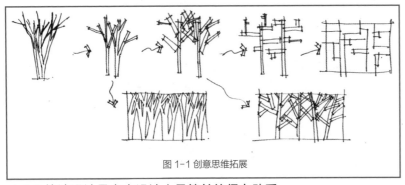

图 1-1 创意思维拓展

1.1.3 快速设计是室内设计人员签单的得力助手

快速设计作为一项技能在室内设计师日常工作中也是个人魅力的一种展现，当前竞争日益激烈，设计师在与业主沟通的时候具有较强的设计和表达能力往往更容易受到业主的青睐和信任，有时甚至具有决定性的作用。快速设计利用较短的时间能初具规模的表达业主的愿景，可以大大提高设计师的工作效率与签单率。有时候在与业主想法进行交换的时候，有了一定手绘设计表达功底也能事半功倍。

通过快速设计图纸可以更直观便捷的将自己的想法反映给甲方，甲方也能即时表达自己的期望；同时有些容易忽略的细节随着三维的空间架构更容易被挖掘出来；设计亮点也通过这种图示的方法传达给他们。快速设计成果从一定程度上反映一个设计师的综合设计能力与整体把控能力。

具有艺术性的快速设计成果，是将艺术与设计的融合。能将这种能力运用在工作中的设计师经常被称为有才气的设计师，自我优越感也会更强，工作也会变的更有乐趣。

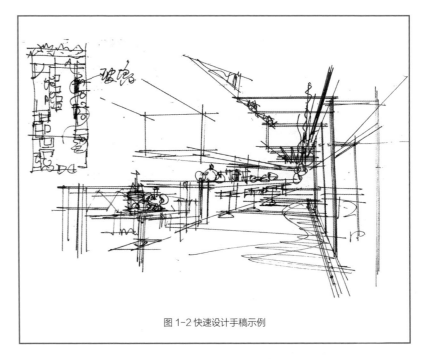

图 1-2 快速设计手稿示例

1.2 室内快速设计常见考察类型与时间安排

在短时间内完成室内方案的设计与表达，快题考试方向一般分为限定面积与不限面积、有原始建筑框架与无建筑框架、有主题或风格限制与无主题或风格限制这几类。常见方向则为公共空间设计。室内快题又很少出现功能复杂、建筑面积超大或有特殊要求的建筑，如医院、剧院、银行等等。应试者应熟悉公共空间设计原理、人体工程学、掌握常见类型的功能流线和各类表达规范。此外，从时间限定上来看，常见的快题考试有两种基本形式。

1.2.1 按考察时间分类

3 小时快速设计

这类快题设计一般要求在短促的时间内完成一个面积有限、功能简单的室内设计，常见的类型有酒店客房、总经理办公室、会议室等局部设计及小型公共空间等等。此外，也可能是根据已有平面布局完成效果图、立面图；根据指定风格或元素进行整合设计。常见图幅大小为 A2 图纸。

对于一般的 3 小时快速设计，建议的时间进度安排如表 1-1 所示。

6 小时快速设计

此类快题一般面积稍大，可发挥的空间较大。类型有售楼部、展示专卖、餐饮、工作室设计等。设计时一般含有 2~3 条流线，设计者应该有较充裕时间表达出大体构思和方案的整体关系。

对于一般的 6 小时快速设计，建议的时间进度安排如表 1-2 所示。

时间	程序	要点及备注
15分钟	方案构思	要点：读任务书，勾画重点。弄清考点和采分点 备注：期间可以做画图框等杂事
40分钟	平面图和吊顶图	要点：绘图顺序为先平面后吊顶，设计上吊顶空间与平面布局有协调统一、互有关联 备注：各图文字标注、尺寸标注、标高标注尽量全，以备不测，随时图面都是完整的
10分钟	立面图	要点：如有剖面图要求，应对应起来一并绘制
30分钟	透视图	要点：一切按照既定方案，不要往返改平面布局
25分钟	分区、创意分析图及其他	要点：图面完整是第一要义
50分钟	统一上色	要点：初步交代平面图的铺装和家具阴影，重点绘制效果图。后期随时调整时间把握图纸颜色的完整性
10分钟	机动时间	要点：拾遗补漏，统筹全局

表1-1 3小时快速设计时间分配表

时间	程序	要点及备注
50分钟	方案构思	要点：读任务书，勾画重点，弄清考点和采分点。铅笔划分图纸布局，初步平面分析 备注：期间可以做画图框等杂事
60分钟	平面图和吊顶图线稿	要点：绘图顺序为先平面后吊顶，设计上吊顶空间与平面布局有协调统一、互有关联 备注：各图文字标注、尺寸标注、标高标注尽量全，以备不测，随时图面都是完整的
25分钟	立面图线稿	要点：如有剖面图要求，应对应起来一并绘制
70分钟	透视图线稿	要点：一切按照既定方案，不要往返改平面布局
30分钟	分区、创意分析图及其他	要点：图面完整是第一要义
100分钟	统一上色	要点：初步交代平面图的铺装和家具阴影，重点绘制效果图。后期随时调整时间把握图纸颜色的完整性
25分钟	机动时间	要点：拾遗补漏，统筹全局

表1-2 6小时快速设计时间分配表

1.2.2 按考察类型分类

室内设计的形态范畴可以从不同的角度进行界定、划分。从与建筑设计的类同性上，一般分为居住建筑室内设计、公共建筑室内设计、工业建筑室内设计和农业建筑室内设计四大类。但根据其使用范围来分类，概括起来可以分为两大类，即人居环境设计

和公共空间设计，其中公共空间设计包括限制性空间和开放性空间的设计（见下图1-3）。还有按空间的使用功能分类为：家居室内空间设计、商业室内空间设计、办公室内空间设计、餐饮空间设计等等。

室内设计				
人居环境设计			公共空间设计	
公寓式	别墅式	院落式	限制性公共空间	开放性公共空间
门厅设计	门厅设计			剧场室内设计
书房设计	内庭设计			体育馆设计
起居室设计	餐厅设计			办公楼设计设计
餐厅设计	游艺室设计			图书馆室内设计
厨房室内设计	休息室设计			学校室内室内设计
浴厕设计	办公室设计			幼儿园室内设计
衣帽间设计	健身房设计			车站室内设计
文娱活动室设计	洽谈室设计			商店室内设计

图1-3 室内设计分类结构图

常见艺术设计类考研室内方向的考察方向有办公空间设计、餐饮空间设计、展示类商业空间（如鞋、包、服装店）、服务类商业空间（如酒店大堂及客房）、综合类空间（如售楼部或书吧）、文化类空间（如艺术沙龙）等。

1.2.3 按考察趋势分类

2017年全国设计类硕士考研结束后，个人总结了一些当前考研趋势。作为环境艺术专业来说，大部分院校考察学生室外景观设计能力，如中国地质大学；也有院校出题会在室内和室外中选择一个方向来进行考察，如华中科技大学、东南大学、河北工业大学等；有些院校则以室内、室外两个方向可选的方式考察本专业学员的设计及表达能力，如湖南师范大学、武汉工程大学等；再有一类院校基本每年考察的都是室内方向，如清华大学、同济大学、江南大学、华中师范大学、北京理工大学等；极少数大学考察偏向建筑方向的快题，如武汉科技大学、中南民族大学；当然也不排除某些院校一改往年的考察方式，如清华大学在2015年考察庭院快题设计；武汉理工在2017年一改往年的景观广场设计方向，考察学生的室内设计及表达能力；华中科技大学艺术设计方向则平均每隔五年左右考察一次室内设计方向。

在这里，我简要剖析一下当前室内方向考题的趋势。室内方向常规考题方向分办公空间、餐饮空间、展示空间、综合空间。在2017年东南大学则考察的是一个快递中转站室内设计，而江南大学则考察学校洗衣房改造。这类型的考题可以说对某一类考生是一种警告，长期以来一些人认为临时背一两个模板应付初始快题设计就可以了。这样的方式筛选出来的学员已经达不到导师的期望值，对整体研究生教育来说是不利的。从这个角度说，部分院校在出题时会综合考虑，以便考察学生综合设计能力。

因此，建议应试者应当积极认真的学习设计的方法，设计的思路。只有经过系统

全面的学习，面对这些陌生的考题类型和新的考察方式才能迎刃而解。

1.3 优秀室内专业快速设计成果的特点

1.3.1 成果完整

学员作图应根据要求安排所有图纸位置及其大小。即便主题创意构思成功，也应

当按要求作答，在指定框架范围内发挥体现的是应试者的态度。在有余力的情况下可适当通过更多的图上内容展示自己的综合能力，但是缺项对总分一定会产生影响，画面完整性一般包括标题、副标题、总平、立面、剖面、创意来源、效果图，尤为重要的应是总平面设计（图 1-4）。

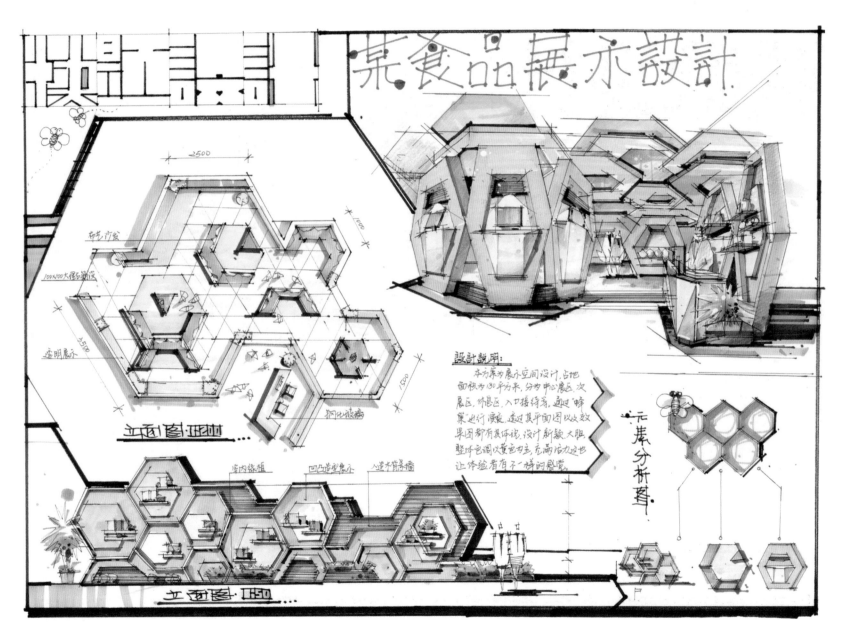

图 1-4 创意快题成图示意

1.3.2 优势突出

　　一般答题要求会有表达方式不限的注明，意味着阅卷教师希望学生能力的多元化。通过生动的线条和成熟多样的表现技法完成良好的图面效果，在此基础上，凸显自身独有的优势，如动人的设计理念、精致合理的空间划分、极具艺术性的色调、严谨规范的图幅表达、完美饱满的构图等（图 1-5）。

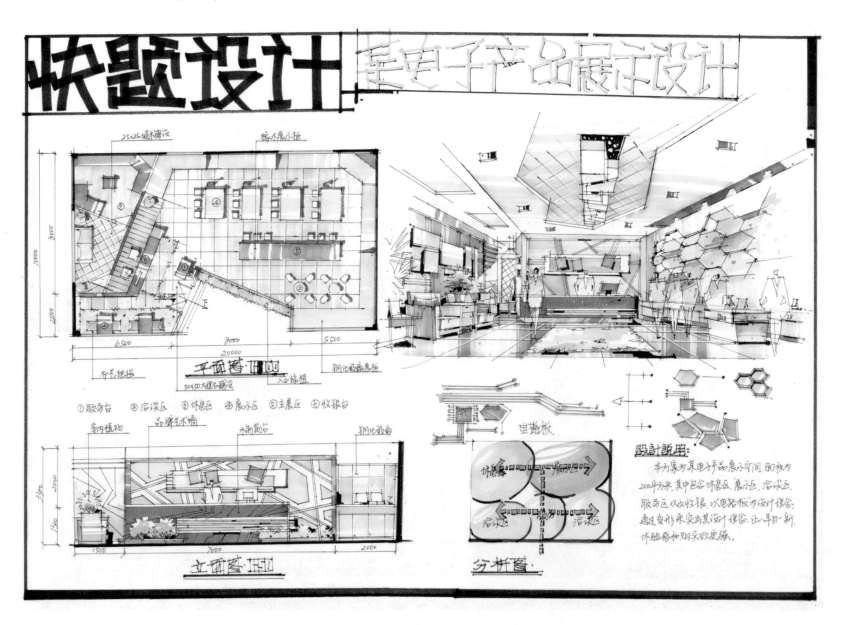

图 1-5 电子产品展示快题

1.3.3 没有严重失误

答题不符合要求依然是很多应试者容易出错的地方，大多源于自身的惯性思维或错误的信息来源，进行了主观的判断。

严谨的设计方案应当满足基本的功能和现实的可行性，因此在制图中要严格遵守制图规范和制图方法，认真处理细节设计和具体表达方式。常见的严重的表现失误有比例尺错误、制图规范错误、欠缺重要图幅；在设计上，常见建筑家具尺寸错误、空间尺度无法满足基本要求、空间流线缺乏逻辑衔接、解题失误、无视建筑现状条件等这些基础类失误极易对考试成绩造成极大影响（图1-6）。

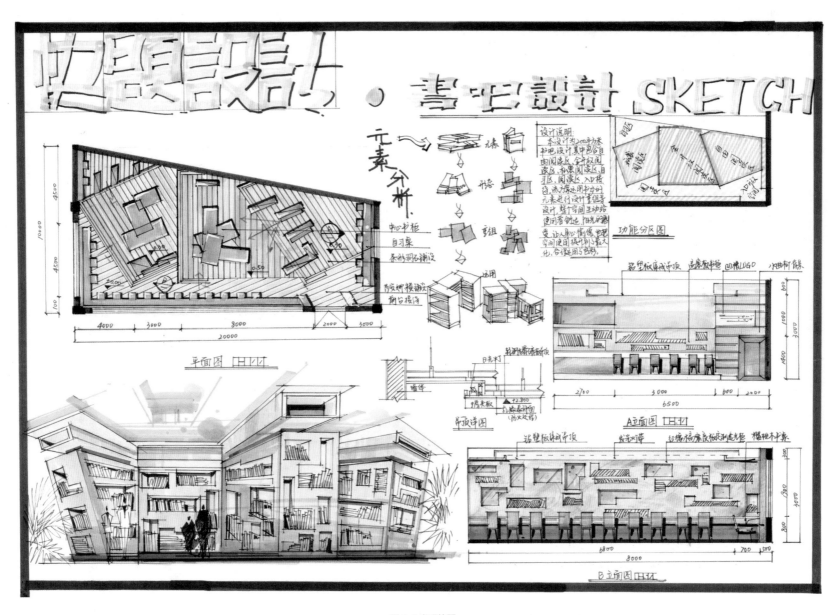

图1-6 书吧快题

1.3.4 整体感较好

快速设计成果的排版布局对整体画面的效果起突出作用，配合重点图纸设计及制图细节决定了整张图的最终评价。将所有的设计内容有机的排布在图纸上，突出主次关系，图面一气呵成，这样的成果会受到所有阅卷教师的青睐 (图 1-7)。

1.4 室内快速设计流程

1.4.1 审题构思

随着研究生入学考试试题的不断变化，院校选拔人才方向越来越关注学生对设计整体的把控以及灵活组织各元素的整合能力。

审题应善于抓住重点字眼，方便中期解答过程中以图文的方式体现考核的重点。如考题中出现层高为 5m 左右时，理应考虑做两层或局部两层；当层高为 3~4.5m 时应酌情考虑做抬高处理。当外环境为沿街的时候则考虑做对外展示或休闲；当周边有景可观的时候考虑利用外环境做休闲功能。

在明确主要的设计内容时，也要注意一些潜在的信息和要求，考生需要用敏锐的眼光和严谨的逻辑思考来应付日益多变的考察方向和方式。切忌遇到陌生方向的考题和灵活的题目后消极紧张，无从下手；进而影响整体发挥，造成考试失利。

审题阶段明确空间类型和主题风格等，正确理解设计题目的功能需求；基于功能分析空间的开放程度和动静要求。结合空间的流线组织，合理进行空间的位置、形态、面积分配。如 2017 年华中师范大学研究生入学考试中要求设计主题酒水吧空间，基于该空间类型组织顾客流线和内部工作人员流线。所给建筑框架图中有独立柱子作为一独立考点，对整体布局起重要影响。从空间开放程度来讲，收银应为半开放空间；辅助空间（如更衣间、卫生间、储藏间等）为私密空间；操作间一般也是私密空间；就餐区以及舞台表演应为开放空间。从空间形态来说，开放空间的形态可以考虑不做常规形态。从各功

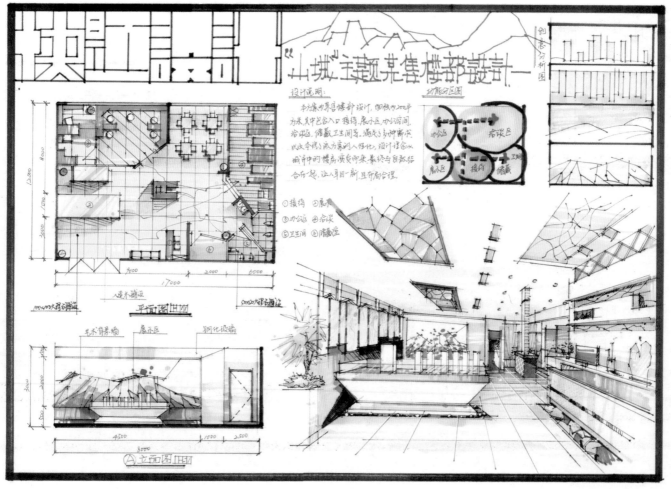

图 1-7 售楼部快题

能区的位置来讲，就餐区应为顾客进入后直观的位置，而收银依据消费方式不同可布置在入口附近，也可处在空间较为深远的的位置，而操作间与其他辅助空间一般对空间的需求不大，可选次要偏僻位置（图1-8）。

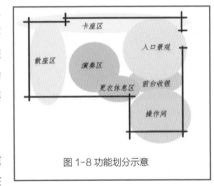

图1-8 功能划分示意

1.4.2 草图方案

草图阶段应将审题过程中的设计重点和思路通过图形的方式展现出来，在这个基础上适当推敲深入，这需要整体的把控能力和对考虑不周全地方的预知能力。自己平时训练前期不顺畅是正常情况，每次完成方案后总结自己思路薄弱的地方，以便下次改进。草图方案奠定了最终方案的优劣，做好这一步需要长期的积累和严谨的逻辑思维能力，也能在应试过程中为自己节省大量时间，避免走弯路。

草图与试卷的区别在于，试卷作为最终设计成果需要直接与阅卷老师交流，传达应试者的专业能力；而草图是与设计者自己的反馈，是信息、创意的图形图案呈现，促进设计进一步推进的载体。因此，草图结果不一定规矩，关键是思路清晰，设计重点、特色等出彩，体现整体构思，满足题目具体要求，解决设计难点。同时，能抓住设计灵感和主要设计元素，考虑后一步设计理念的表达，也是草图的重要目的之一。

优秀的设计方案有设计者的烙印，主要体现在设计理念和造型元素两方面。而造型元素是设计师的思考创作结晶，大多是无章可循的，如有些是灵感的闪现或梦境中的幻象。

在快速设计中因为时间的限制，草图通常只有一张。应迅速表达设计思路，把握设计方向，以便及时转换成设计成果，毕竟快速设计是分秒必争的。

1.4.3 深化设计

深化设计阶段需要将各类要求图纸的设计性体现出来。草图阶段的很多元素在这里需要被梳理做取舍与调整，平面方案来说应力求突出整体功能与各流线的组织；立面图的示意应围绕该空间的主体功能、整体风格定位等形成浑然一体的立面方案；分析图应抓住设计的核心特点，理清设计思路，形成清晰明快的设计意图表现。

很多应试者认为这一阶段只需要将平面方案完善，这种想法是片面的。虽然平面方案是考核的重点，但是考生应明确快速设计考核的是学生的设计能力。而这种设计能力不仅在平面方案、效果营造，优秀快题中的设计能力遍布在图纸的各个方面。有些考生一味追求平面方案的形式化，极力营造新颖夸张的造型分区，认为这样的形式感能在阅卷中脱颖而出。其实阅卷老师最想看到的是合理的功能组织、内容完善的平面布置。盲目的追求这种"花里胡哨"的表面形式和"嚣张"的造型，缺乏内部理性的逻辑分析和极强的空间处理能力甚至可能产生负面的作用，进而拉低分数（图1-9）。

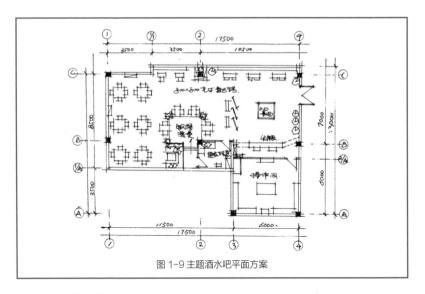

图1-9 主题酒水吧平面方案

1.4.4 效果表达

本节后续章节会详细介绍各设计成果的表达方法，在这里强调应通过平时的训练逐步形成适合自己的合理快速表达方式。对于初学者来说，各类表现手法琳琅满目，前期模仿阶段应理性分析各类关系，盲目模仿不同的表达方式就可能走弯路。

这里所述的各类关系涵盖范围广，如在平面布置图中，门、窗、墙、柱为基本关系；各功能空间通过各流线有机组合为重要关系；地面铺设与家具陈列为衬托关系；各功能空间有主次关系，综合这些关系在表达过程中有目的的去选择自己应当突出的关系。这种突出关系的方法常见为拉开明暗、纯度、色彩、冷暖、面积与肌理的对比程度，如在平面图中通过将背景墙着大红色，周边采用纯度低的色彩，则是主要通过拉开纯度关系突出主要设计；在立面图中，以立面设计成果是否契合主题、是否与对应的空间功能相协调为立面优劣的首要参考；在此基础上，立面的造型对比关系、立面分割的面积大小关系、立面的前后凹凸关系等应为有主到次的关系，再通过明暗、颜色等突出主要设计。

理清了各个图的各类关系对于后期线稿表达、着色渲染有重要指导作用，前期抄绘以及学习优秀快题的时候应从这些基本关系入手，辩证的看待各种不同风格的快题表达，逐步形成自己的表达方式。

快速设计争分夺秒，画笔的选择也应精简。常见的色系为冷、暖灰色系，木质色系、蓝色系、绿色系、红橙黄色系。各色系一般三支笔足够，另加上黑色，如有个人爱好的紫色、黄色可以各来一支，然后黑色也是必备的。因各种品牌的马克编号不同，需要在平时训练的时候能够熟悉自己的马克，大胆舍弃不常使用的笔，保证画袋里的笔的使用效率都高。

马克笔推荐NEW COLOR马克笔，颜色比较柔和。常用推荐颜色（色卡附在封底）。

第二章　快速设计学习方法

2.1 素材积累

不难理解，快速设计是以设计基础的学习为前提的，从某种意义上讲，快题设计注重方案的构思和细节的把握。由于时间短，这就要求大家在平时的学习中注意搜集与积累素材，做到见多识广，遇到各种问题都能迎刃而解，应试时才能游刃有余。

积累的时候应主动思考，学习不同条件下相同或不同功能的排布、研究较大空间中的裸露柱子多种处理方式、揣摩相同功能的不同空间组织形式、多看不同功能空间的营造方式等等。这样，在遇到各类不同要求的快题设计时候，无论在在整体构思上还是细节处理上都能处于主动地位。

2.1.1 空间形状

功能区的形式具有多元性，以展示区为例，可以设计为方形、梯形、几何多边形、曲线形、自由形等。

矩形空间的平面具有较强的单一方向性，立面无方向感，是一个较为稳定的空间，属于相对静态和良好的滞留空间。

折形空间的平面具有一定的扩张之势，立面有一定的视线引导；几何多边形空间在平面上有一定的向心感。

曲形空间的平面自由活泼，有导向性，立面有一定的流动性。

自由形空间因平面、立面、剖面形式多变，有一定的特殊性和艺术感染力，多用于特殊娱乐空间和艺术性较强的空间。

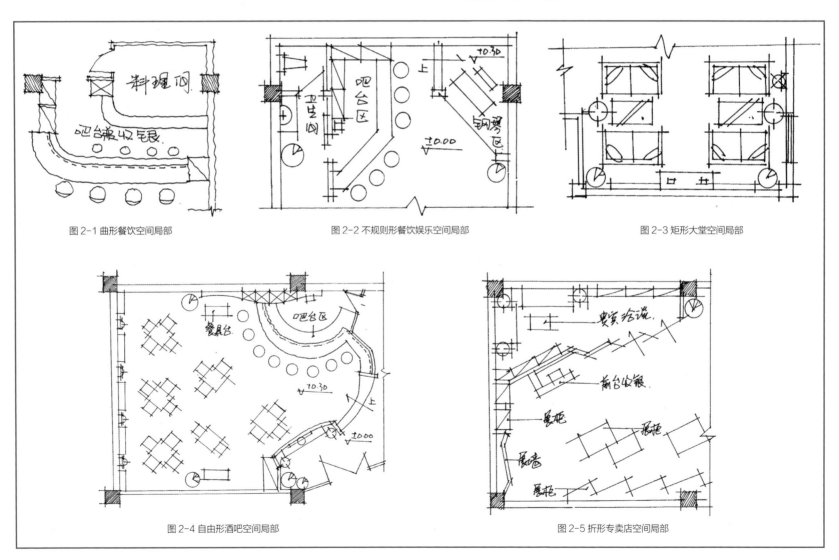

图 2-1 曲形餐饮空间局部

图 2-2 不规则形餐饮娱乐空间局部

图 2-3 矩形大堂空间局部

图 2-4 自由形酒吧空间局部

图 2-5 折形专卖店空间局部

2.1.2 功能流线组织

人们从事一种活动，具有一定的方式及顺序。例如去电影院看电影，要先后完成买票、候演、观看、散场、离场等不同活动的动作。在设计一个影院时，就必须按以上的行为方式进行空间的安排和组织，将售票口置于最外边，进而是门厅，然后是观演大厅。散场时人数众多，时间集中，所以要安排多个疏散口，且在室外应留有一定空间的集散用地，以便人流顺利疏散。

另一个与空间流通紧密相关的问题是水平、垂直交通的合理组织问题。这就对人

流活动的路线即流线设计提出较高要求。流线设计的好坏关系到空间的使用效率和建筑的使用效果。一般情况下室内流线宜通畅、直接，不要过于迂回曲折，方向要清晰、明确、易于识别，同时也要求流线功能尽量单一，避免交叉，这样才不会干扰交通或造成不同功能的室内空间相互干扰。当然，也不排除一些展示空间、商业空间等合理使用一些曲线形、循环形、迂回盘旋形和立体交叉形室内流线，以便在有限的室内空间给人们创造更多的观赏、娱乐和购物机会。然而，无论采用长序列还是短序列空间的流线组织、设计时都应注意人流分配得当，流线组织合理，疏散方便安全。

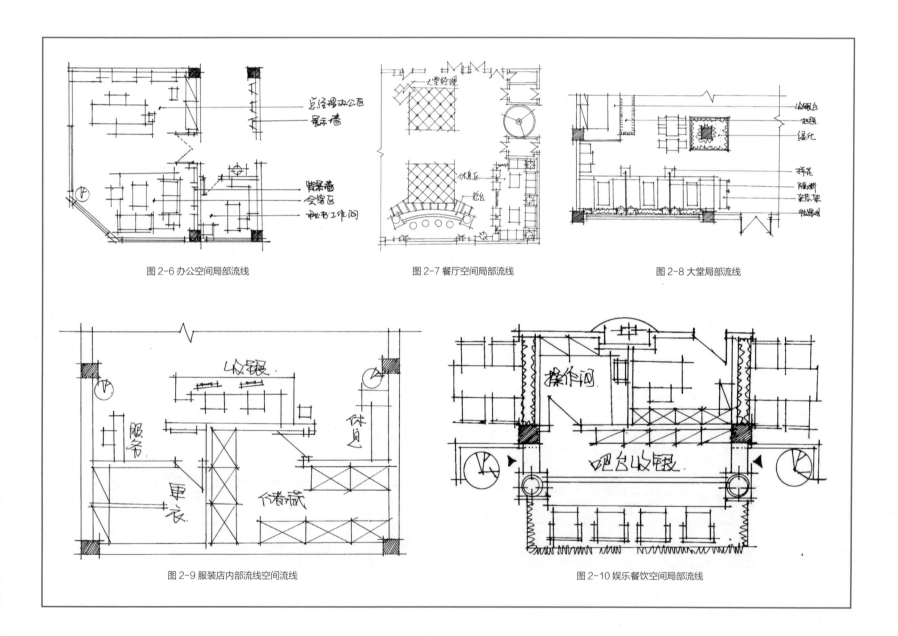

图 2-6 办公空间局部流线　　　　图 2-7 餐厅空间局部流线　　　　图 2-8 大堂局部流线

图 2-9 服装店内部流线空间流线　　　　图 2-10 娱乐餐饮空间局部流线

2.1.3 界面设计

在掌握一定的空间布局之后，学习的要点就要迅速转移到能表达空间的立面和吊顶创意上来。界面的设计与最终的空间营造直接关联，设计的时候切不可单独对待，否则就会有堆砌拼凑之嫌。例如需要设计一个休息区，除家具沙发、茶几、落地植物与落地灯的陈设外，界面处理上地面可能有柔软的地毯，其中一个立面是照片墙，另一面是一帘白纱，白纱后面为实木线条镂空隔断，顶面单独做造型，也可能有淡雅的壁画，可以在偶尔抬头的时候得到放松。当使用者进入这个空间，坐在舒服的沙发上，沐浴着柔和的灯光，喝一杯淡淡的红酒，听听轻松的音乐、翻翻喜欢的杂志甚至闭目冥想都是不错的享受。这样一个休息空间就营造出来了，各界面都是为主导的休息功能服务。

很多同学在进行此部分练习时，十分头痛。其实，这是平时空间素材积累太少的缘故，到关键时候就暴露出底气不足。应试练习的话可以积累几种不同的空间界面处理方式，在结合空间的具体功能恰当运用，可以在短时间获得较好的效果。具体提高空间设计能力需要有大量积累和实战，逐渐形成独有的设计手法。

图 2-11 休息区空间营造

2.2 进阶式方法的使用

快速设计是对综合能力的考核，要想较好掌握快题设计的方法，一般是按照先提高绘图能力和绘图速度，再逐步提高对设计的理解。对设计的理解并不是一朝一夕的，需要积累大量的实际项目和一定的智慧，逐步融会贯通的。一个成熟的设计必定会经过先整体后局部，最后又回到整体上，其实设计过程也是这样的。

2.2.1 边绘制边理解

此阶段主要是一种纯粹技巧的练习。提高徒手表达方案的能力可先从正确线条的绘制方法开始，再到墙体、门窗、家具等局部画起，并在此过程中熟悉平面布局的技巧和方法。先从单体家具表达开始，再逐步控制家具位置关系，按照透视原理绘制出完整的手绘效果图，并在此过程中逐步熟悉一些设计细节和设计手法。

2.2.2 勤临摹会变通

本阶段主要在于快速表现技巧的熟练。在具体的才做过程中，我们主张从临摹已有的优秀的设计方案入手。这样，对于初学者，可以先暂时抛开对设计本身的思考，先把图画对、画漂亮。完成后再把优秀的设计方案从布局的合理性、空间的营造方式、甚至是颜色的运用等几个方面进行单独理解，从原设计者的成果中理解设计意图越多，提高的自然越多。以后自己运用的时候也可以借鉴。

2.2.3 先熟练后速度

熟悉快题中各种图纸的绘制规范以及表达技巧，可适当放宽一定时间采用尺规作图的方法可获得深入而精致的图面效果。进而逐步缩短时间，熟练后逐步缩短铅笔稿的内容和时间。对于 3 小时快题，同时绘制内容多，工作量大的快题来说，有一定铅笔稿后就可直接徒手完成整个图面的表达。熟能生巧，经过多次反复的练习后，积累了足够的素材，自然能够达到胸有成竹，下笔如有神，绘图自然像写字一样流畅了。

2.3 绘图前的准备工作

2.3.1 材料与工具

绘图笔、纸张等工具与材料对设计者的重要性不言而喻。合适的工具与材料无疑将在设计过程中帮助设计者提高速度与表现力。

1. 固定：图板、纸胶带

建议在绘图初期，将图纸用粘性较小的纸胶带固定在图板上，防止在绘图过程中纸张出现滑动，导致图面定位出现偏差。

2. 尺规：丁字尺、三角板、平行尺、比例尺

一般来说，在快速设计中，虽然有些朋友喜欢徒手表现。但是有了尺规的铅笔线稿更有利于后面的徒手线条表现，同时方便尺度度量。

3. 墨线笔：草图铅笔（HB、2B）、一次性针管笔（0.2、0.5、0.8）、记号笔

在绘图笔的准备上，一般以 2B 铅笔作为构思的工具，在草图纸上勾勒草图，在正式图的底稿阶段，一般使用 H 或 HB 的铅笔，以免弄脏图纸。

4. 色彩笔：油性马克笔、彩铅（一般为非水溶性彩铅为宜）

5. 辅助上色工具：高光笔（樱花）、修正液（三菱）

如没有使用这种工具的习惯也可不用。

6. 辅助纸张：打印纸、拷贝纸、硫酸纸

7. 其它：橡皮、裁纸刀等

2.3.2 线条表现练习

　　室内快题离不开线条的表达，很多初学者在自学的时候没有掌握好线条的绘制技巧而灰心。室内单体造型多样，一根富含弹性的线条，可以体现一个设计师的基本功底。

　　学习室内徒手表现可以利用课余时间，经常地、反复地练习勾画各种不同的线条，只有这样才会熟能生巧。

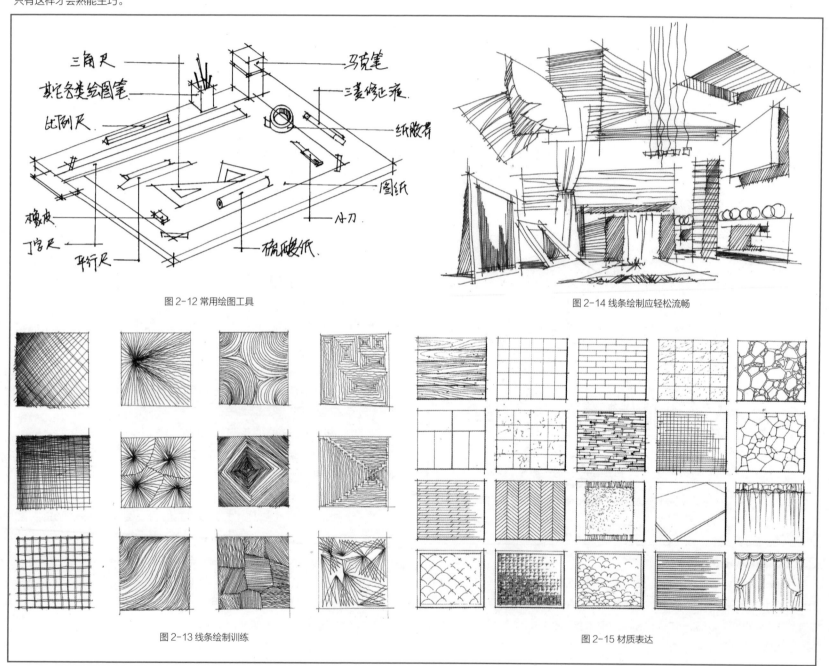

图 2-12 常用绘图工具

图 2-14 线条绘制应轻松流畅

图 2-13 线条绘制训练

图 2-15 材质表达

2.3.3 室内陈设单表现练习

家具手绘是室内手绘效果表达图中必不可缺少的一部分，合理正确的表达好这一部分内容可以为效果图表现增色不少。本章中主要介绍下快速设计中常用陈设品的表达。

室内家具组合表现训练绘图者对于相互位置关系的把握，是快速表达的重要组成部分。初学者常因为没有一套系统的思维方式，而导致组合关系出错。建议完成一个单体后先分析另一个单体的正投影与它的位置关系，来确定该单体的正投影位置，基于正投影位置逐步表达出来。

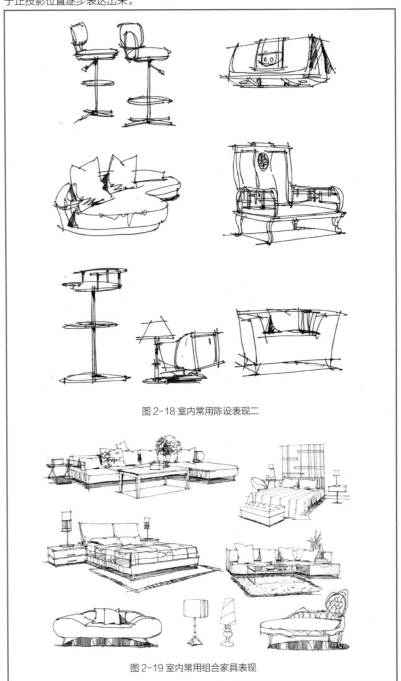

图 2-16 沙发表现

图 2-17 室内常用陈设表现

图 2-18 室内常用陈设表现二

图 2-19 室内常用组合家具表现

第三章　室内快题的表达设计

3.1 识图与表达

3.1.1 工程制图常用平面图绘图规范

1. 定位轴线

定位轴线用于控制房屋的墙体和柱距。凡是主要的墙体和柱体，都要用轴线定位。房屋的墙体、柱体、大梁或屋架等主要承重结构件的平面图，都要标注定位轴线；对于非承重的隔墙及其他次要承重构件，一般不设定位轴线，而是在定位轴线之间增设附加轴线。

定位轴线，一般采用单点长划线绘制，其端部用细实线画出直径为 8~10mm 的圆圈，圆圈内部注写轴线的编号。平面图上定位轴线的编号，标注在图样的下方与左侧。横向轴线编号应用阿拉伯数字，从左至右顺序编写；纵向轴线编号应用大写的拉丁字母，从下至上顺序编写，但 I、O、Z 三个字母不得用于轴线编号。

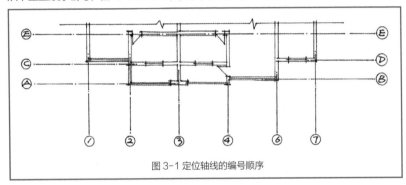

图 3-1 定位轴线的编号顺序

附加定位轴线的编号，应以分数形式按规定编写。两根轴线之间的附加轴线，分母表示前一轴线的编号，分子表示附加轴线的编号，编号宜用阿拉伯数字顺序编写，如图 3-1 所示。图 3-2 表示 1 号轴线和 A 号轴线之后各附加的第一根轴线。

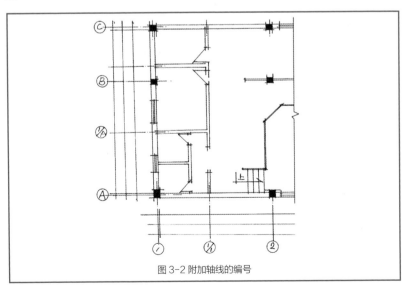

图 3-2 附加轴线的编号

2. 尺寸标注

在室内设计施工图中，图形只能表达构筑物的形状，构筑物各部分的大小还必须通过标注尺寸才能确定。标注时力求做到正确、完整、清晰、合理。

一个完整的室内设计尺寸标注包括尺寸界线、尺寸线、尺寸起止符号和尺寸数字。尺寸组成如图 3-3 所示。

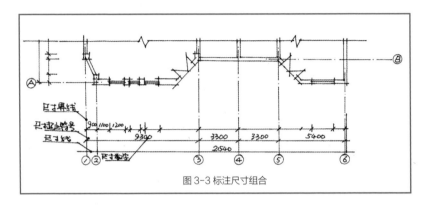

图 3-3 标注尺寸组合

3. 内视符号

内视符号是为了表示室内立面在平面图上的位置，应在平面图上用内视符号注明视点位置、方向及立面编号；内视符号中的圆圈用细实绘制，根据图面比例圆圈直径可选择 8~12mm。如图 3-4 所示。

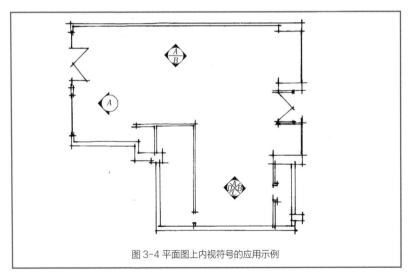

图 3-4 平面图上内视符号的应用示例

4. 索引符号和详图符号

(1) 索引符号。图样中的某一局部或构件，如需另见详图，应以索引符号索引，如图 3-5(a) 所示。索引符号是由直径为 10mm 的圆和水平直径组成的，圆及水平直径均应以细实线绘制。索引符号应按下列规定编号。

①索引出的详图，如与被索引的详图同在一张图纸内，应在索引符号的上半圆中用阿拉伯数字注明该详图的编号，并在下半圆中间画一段水平细实线，如图3-5(b)所示。

②索引出的详图，如与被索引的详图不在同一张图纸内，应在索引符号的上半圆中用阿拉伯数字注明该详图的编号，在索引符号的下半圆中用阿拉伯数字注明该详图所在图纸的编号，如图3-5(c)所示。数字较多时，可加文字标注。

③索引出的详图，如采用标准图，应在索引符号水平直径的延长线上加注该标准图册的编号，如图3-5(d)所示。

索引符号如用于索引剖视详图，应在被剖切的部位绘制剖切位置线，以引出线引出索引符号，引出线所在的一侧应为投射方向，如图3-6所示。

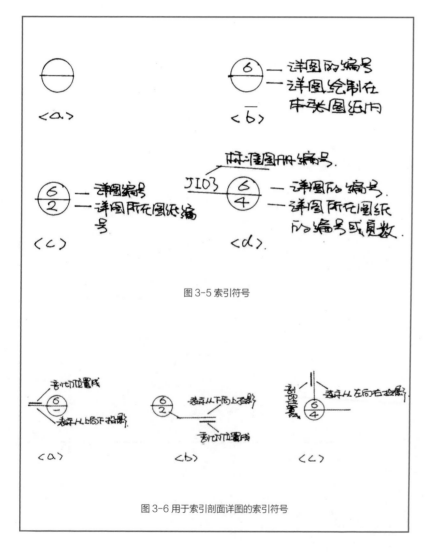

图 3-5 索引符号

图 3-6 用于索引剖面详图的索引符号

(2) 详图符号。详图的位置和编号，应以详图符号表示。详图符号的圆应以直径为 14mm 粗实线绘制，如图 3-7(a) 所示。详图应按下列规定编号。

①详图与被索引的图样同在一张图纸内时，应在详图符号内用阿拉伯数字注明详图的编号，如图 3-7(b) 所示。

②详图与被索引的图样不在同一张图纸内，应用细实现在详图符号内画一水平直径，在上半圆中注明详图编号，在下半圆中注明被索引的图纸的编号，图 3-7(c) 所示。

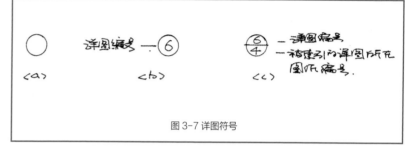

图 3-7 详图符号

3.1.2 平面图设计元素表达

1. 标高

室内设计中在条件允许的情况下设计局部抬高或下沉采用的标高方式为相对标高，单位为米。常把室内入口地面标高定为相对标高的零点。室外台阶高度常为 0.15m，而室内台阶高度常为 0.2m。因此，如需标明室外地面标高则标注为 -0.450，而室内若抬高两步台阶则标注为 +0.400。

2. 入口台阶

入口台阶宽度最小为 1.5m，常为 2m。入口台阶高度一般不少于 3 步，注意标注向下的箭头。箭头标注方向注意从标高 ±0.000 处向上向下。

3. 图种

长仿宋或者工程字，一般写在图纸的下方，两条线收尾，后写比例。

4. 铺装

当地面做法比较简单时，在建筑室内设计平面布置图上示意标注地面材料尺寸就行，如标注"满铺 800×800 玻化砖"。

5. 文字标注

建议使用长仿宋体，长仿宋体是由宋体字演变而来的长方形字体，它的笔画匀称明快、书写方便，因而是工程图纸最常用字体。为了使字写得大小一致、排列整齐，书写前应事先用铅笔淡淡地打好字格，再进行书写，字格高宽比例一般为 3:2。

3.1.3 平面图绘制的一般步骤

步骤 1：按照规定比例画出原始建筑墙体、柱子、门窗。初步完成定位轴线和标注尺寸线，如图 3-8 所示。

步骤 2：画出隔墙、隔断、上抬空间或下沉空间。完成地面标高和轴线编号，如图 3-9 所示。

步骤 3：标示主要背景墙设计；完成陈设品布置，如图 3-10 所示。

步骤 4：按照比例绘制铺装，如需文字概括铺装方式可提前写，如图 3-11 所示。

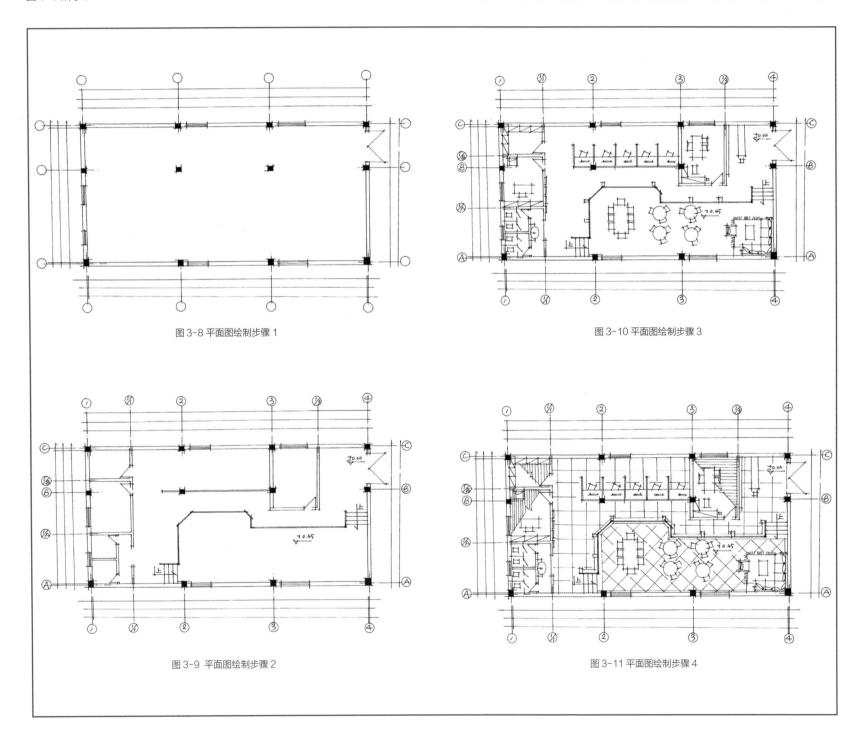

图 3-8 平面图绘制步骤 1

图 3-10 平面图绘制步骤 3

图 3-9 平面图绘制步骤 2

图 3-11 平面图绘制步骤 4

步骤5：完成尺寸标注，如图3-12所示。

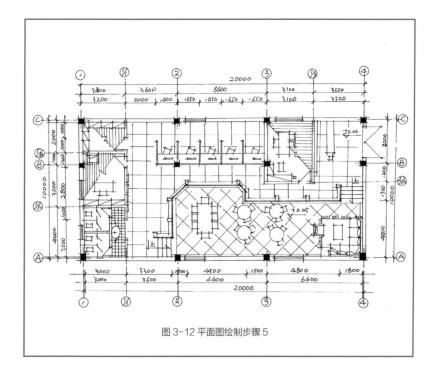

图 3-12 平面图绘制步骤 5

3.1.4 平面方案案例参考

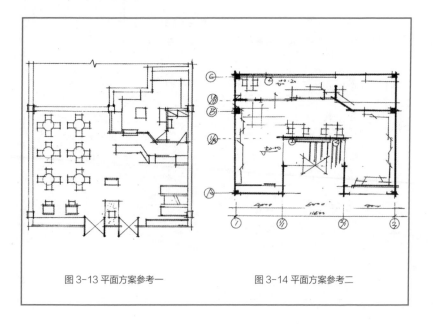

图 3-13 平面方案参考一　　　　图 3-14 平面方案参考二

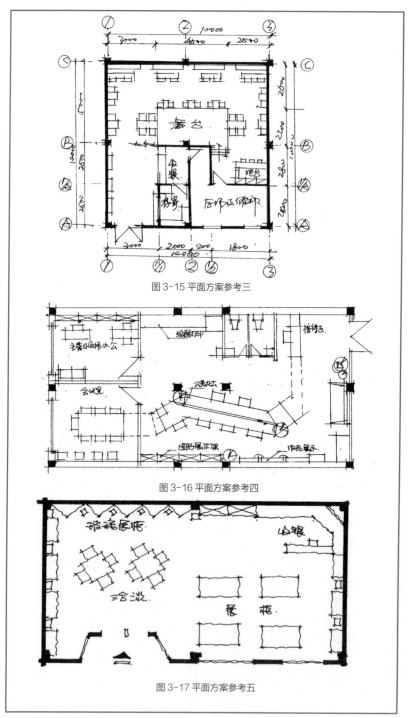

图 3-15 平面方案参考三

图 3-16 平面方案参考四

图 3-17 平面方案参考五

3.2 室内空间常见类型

室内空间的规划是一切室内设计活动的根本，后期的界面设计、空间营造、家居陈设都是基于此。专业的设计师会在此花费大量的精力。首先让我们弄清楚室内空间的三个组成元素即为基面、顶面和垂直面。

基面：通常是指室内空间的底界面或底面，也称为平面楼地面或地面。

顶面：即室内空间的顶界面，也称吊顶、天花、顶棚或天棚等。

垂直面：又称立面、侧面或侧界面，是指室内空间的墙面（包括隔断）。

3.2.1 开敞空间

开敞的程度取决于有无侧界面，侧界面的围合程度，开洞的大小及启闭的控制能力。具有外向性，限定度和私密性较小，强调与周围环境的交流、渗透，讲究对景、借景，与周围空间或外环境的融合，如一些别墅的休闲健身区与休息区可采用开敞空间。

3.2.2 半开敞空间

用限定性低的隔断、隔屏，透空式的高柜、矮柜、不到顶的矮墙、透空式的墙面将空间的与相邻空间的联系部分隔开，使两个部分或多个部分在视觉、听觉等方面有一些互动性的空间称为半开敞空间。设计中常把功能之间有直接联系，互相影响小的两个空间或两个以上的空间以半开敞空间的方式融合，这样整体空间给人感觉更宽敞又互有联系，如居家中的客餐厅。

3.2.3 私密空间

用限定性比较高的围护实体（承重墙、轻体隔墙等）包围起来的，无论是视觉、听觉等都有很强的隔离性的空间称为私密空间。具有领域感、安全感和私密性，其性格是内向的、拒绝性的，如居家中的卧室、ktv 中的包厢、餐饮空间中的包厢和库房等。

3.2.4 地台空间

采用抬高部分空间的边缘形式以及利用基面质地和色彩的变化来达到这一目的。性格是外向性的，具有收纳性和展示性，处于地台上的人具有一种居高临下的优越感、视线开阔，趣味盎然，使空间层次更加丰富，如榻榻米、钢琴演奏区、舞台等。

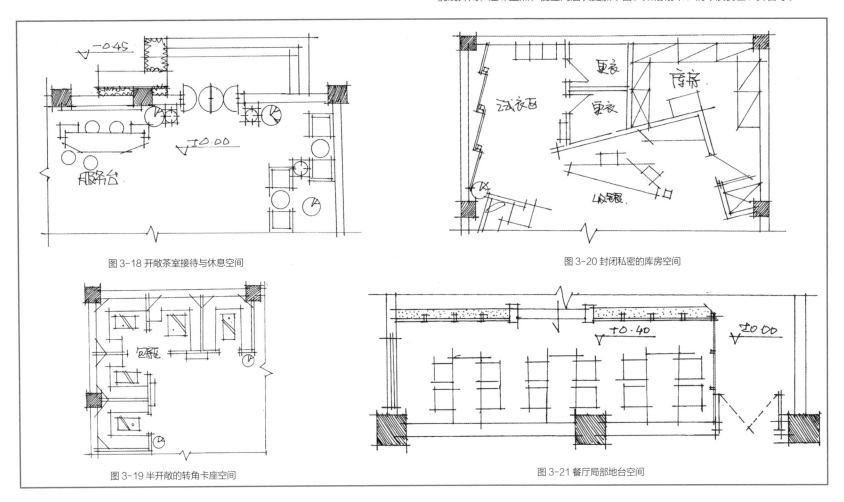

图 3-18 开敞茶室接待与休息空间

图 3-20 封闭私密的库房空间

图 3-19 半开敞的转角卡座空间

图 3-21 餐厅局部地台空间

3.2.5 下沉空间

将部分基面降低，来明确一个特殊的空间范围，这个范围的界限可用下降的垂直表面来限定。其领域感和私密性随下沉的深度决定。基于建筑原始条件限制，这种处理方式并不多见，实际操作中一般是将周围抬高后再划分区域回到原始地面，如儿童娱乐区、休闲区等（图3-22）。

3.3 室内空间常用分隔方式

室内空间要采取什么分隔方式，既要根据空间的特点和功能使用要求，又要考虑到空间的艺术特点和人的心理需求。空间各组成部分之间的关系，主要是通过分隔的方式来体现的，空间的分隔换种说法就是对空间的限定和再限定。至于空间的联系，就要看空间限定的程度（隔离视线、声音、湿度等），即限定度。同样的目的可以有不同的限定手法；同样的手法也可以有不同的限定程度。

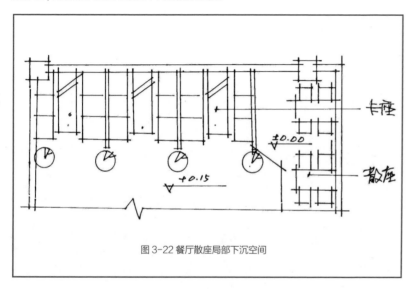

图 3-22 餐厅散座局部下沉空间

3.3.1 常用分隔类型

1. 绝对分隔：用承重墙、到顶的轻体隔墙等限定度（隔离视线、声音、温湿度等的程度）高的实体界面分隔空间，称为绝对分隔（图3-23）。

2. 局部分隔：用片段的面（屏风、翼墙、不到顶的隔墙和较高的家具等）划分空间，称为局部分隔。它的特点介于绝对分隔与象征性分隔之间，有时界线不大分明。

3. 象征性分隔：用片段、低矮的面、罩、栏杆、花格、构架、玻璃等通透的隔断；家具、绿化、水体、色彩、材质、光线、高差、悬垂物、音响、气味等因素分隔空间，属于象征性分隔（图3-24）。

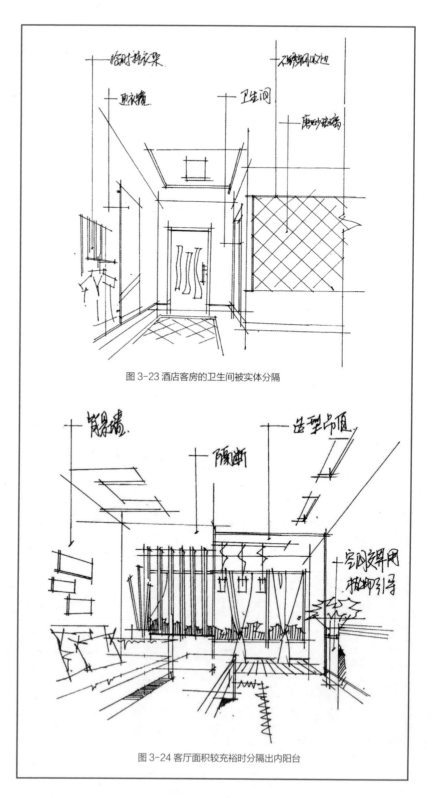

图 3-23 酒店客房的卫生间被实体分隔

图 3-24 客厅面积较充裕时分隔出内阳台

4. 弹性分隔：利用拼装式、升降式、直滑式、拆叠式等活动隔断的帘幕、家具、陈设等分隔空间，可以根据使用要求而随时启闭或移动，空间也随之或大或小，或分或和。

3.3.2 常用分隔方式

· 用建筑结构分。

· 用色彩、材质分。

· 用水平面高差分隔。

· 用家具分隔。

· 用装饰构架分隔。

· 用水体、绿化分隔。

· 用照明分隔。

· 用陈设及装饰造型分隔

· 用综合手法分隔。

3.4 快速设计常用尺度规范

室内设计的直接使用者是人，在以人为本的设计中，必然要考虑室内空间、家具陈设等与人体尺度的关系问题。很多初学者在尺寸把控上有欠缺，直接影响到方案设计的优劣。可以说做设计的首要突破口就是熟悉运用尺寸。

3.4.1 室内设计常用尺寸及规范

1. 客厅空间

单人沙发长 800~900mm

宽 800~900mm

坐垫离地高 350~420mm

靠背高 700~900mm

双人沙发长 1200~1500mm

三人沙发长 1700~2000mm

茶几高 350~420mm

茶几尺度可根据沙发适当调整，

确保茶几距离沙发 380~420mm，以方便人进出。

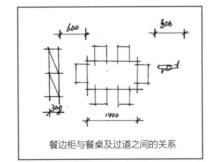

沙发组合

2. 餐厅空间

方桌边长 900mm 1200mm

长桌宽 800mm 900mm 1200mm

长 1500mm 1650mm 1800mm

2100mm 2400mm

圆桌直径 900mm 1200mm

1350mm 1500mm 1800mm

餐边柜与餐桌及过道之间的关系

餐椅坐面高 420~440mm

餐桌高 700~780mm 具体尺寸也可根据实际情况进行细部调整。

3. 卧室空间

单人床宽 900mm 1200mm

双人床宽 1500mm 1800mm 2000mm

床长 2000mm 2300mm

圆床直径 1860mm 2125mm 2424mm

床头柜与床褥面同高为宜

衣柜深 550mm 600mm 700mm

柜门宽 400~650mm 高 2000~2200mm

化妆台长 1350mm 宽 450mm

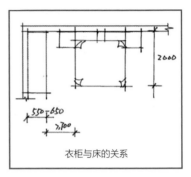

衣柜与床的关系

4. 办公空间

办公桌长 1200~1600mm

宽 500~650mm

高 700~800mm

办公椅高 400~450mm

长宽均为 450mm

书柜高 1800mm

宽 1200~1500mm

深 450~500mm

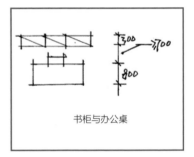

书柜与办公桌

5. 厨房空间

操作台高 800~850mm，距离吊柜底面 500~600mm，地柜深 550~600mm，吊柜深 350mm。

6. 卫生间空间

洗面台宽 550~650mm 高 850mm

淋浴间 900×900mm

高 2000~2200mm

坐便器宽 380~480mm

深 680~780mm

马桶距离浴缸 600mm

两侧少则预留 300mm

浴缸 1220mm 1420mm 1680mm 宽 600~800mm

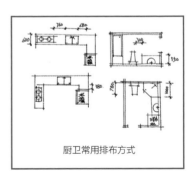

厨卫常用排布方式

3.4.2 其他常用尺寸及规范

建筑外墙及承重墙 240mm 柱 400mm

室内隔断墙高 120mm 80mm 60mm

大门高 2000mm 2400mm 宽 900mm

室内卧室书房门高 2000mm 宽 800mm

厨房和厕所门高 2000mm 宽 700mm

门厚 40~60mm 门套 100mm

阳台宽 1400~1600mm 长 3000~4000mm

楼梯间休息平台净空等于或大于 2100mm

楼梯跑道净空等于或大于 2300mm

主通道宽 1200mm 1300mm 内部工作通道 600~800mm

走道宽 1600mm 双边双人走道宽 2000mm

双边三人走道宽 2300mm 双边四人走道宽 3000mm

第四章 室内空间界面的设计表达

4.1 立面图图面表达与绘制步骤

4.1.1 立面图元素表达内容和设计原则

立面图所要表达是建成后，按光线平行投影原理的室内东西南北四个墙面中的一个面效果图，是装饰工程施工图中主要图样之一，也是确定墙面造型做法的主要依据。

1. 立面图的表达内容

· 展示立面的高度和宽度。

· 表现立面上的装饰构件或造型的名称、材料、大小、形状、做法等。

· 表达室内空间门窗的位置和高低。

· 表达主要竖向尺寸和标高。

· 表示需要放大的局部或剖面的符号。

· 表达室内空间与悬挂物、公共艺术品等之间的相互关系。

· 文字表达图纸不能表达的部分。

· 立面图包含文字说明、尺寸标注、索引符号、图名、比例等。

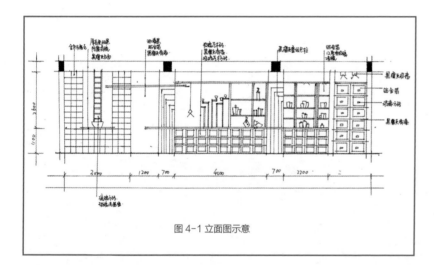

图 4-1 立面图示意

2. 立面图设计的原则

· 立面图不是独立存在的，当平面方案确定下来，设计立面必须与之相符，设计之前考虑好对应标识的尺寸和摆放，平面关系、整体的空间感。

· 立面设计需要注意人体工学、空间特点和功能和相关规范，不能只顾图面形式美感忽略现实情况。

· 结合平面构成完成符合空间功能属性的立面设计。

· 具体要求设计者对常规施工工艺和材质规格等比较熟悉，不可追求奇特怪异想法设计出无法实现的方案。

4.1.2 立面图绘制步骤

为方便理解平面与立面的对应关系，此处立面绘制交待了对应的原始平面，快题设计中如果通过内视符号表达就可不交待对应的平面。

步骤 1：按照规定比例画出所绘制立面的边界和吊顶层，初步交待需要交待的尺寸线，并预留材质标注的位置，如图 4-2 所示。

步骤 2：在不影响立面设计的前提下交待可见的灯具和其他靠墙陈设品，画出立面材质分区，如图 4-3 所示。

步骤 3：按照比例画出立面造型，注意疏密关系，如图 4-4 所示。

步骤 4：完成尺寸和材质施工标注，如图 4-5 所示。

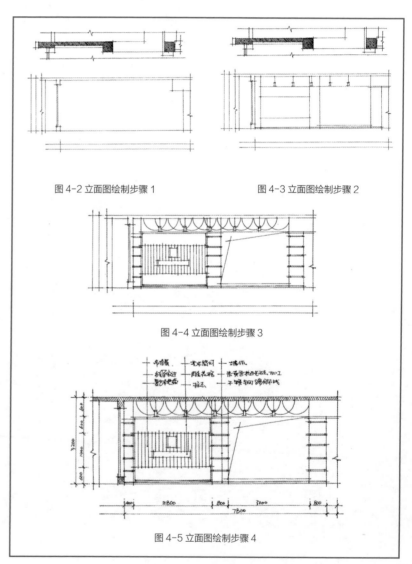

图 4-2 立面图绘制步骤 1　　　　图 4-3 立面图绘制步骤 2

图 4-4 立面图绘制步骤 3

图 4-5 立面图绘制步骤 4

4.1.3 立面图参考

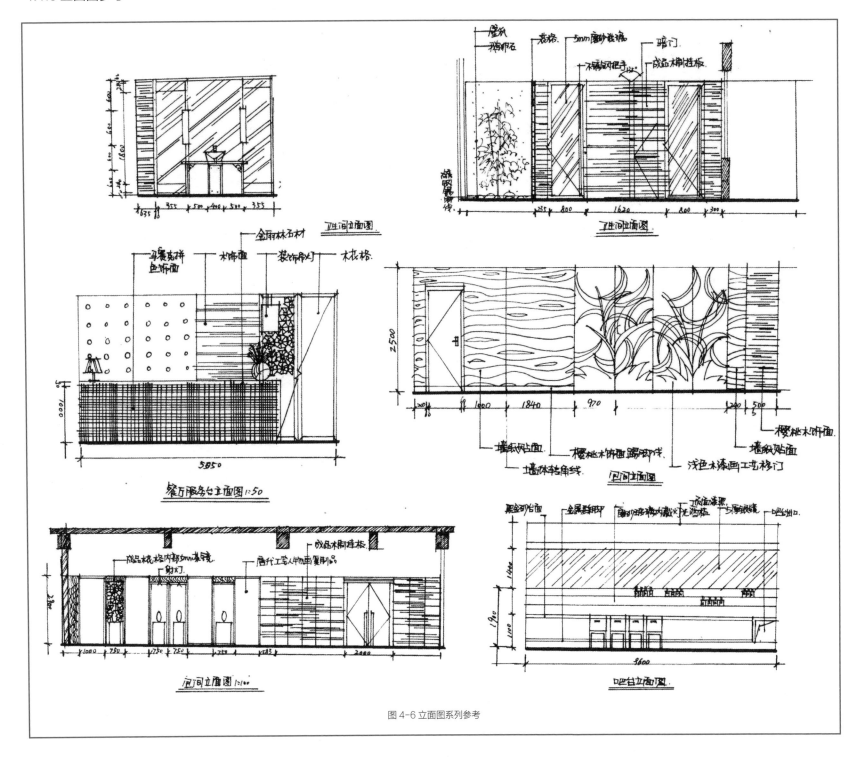

图 4-6 立面图系列参考

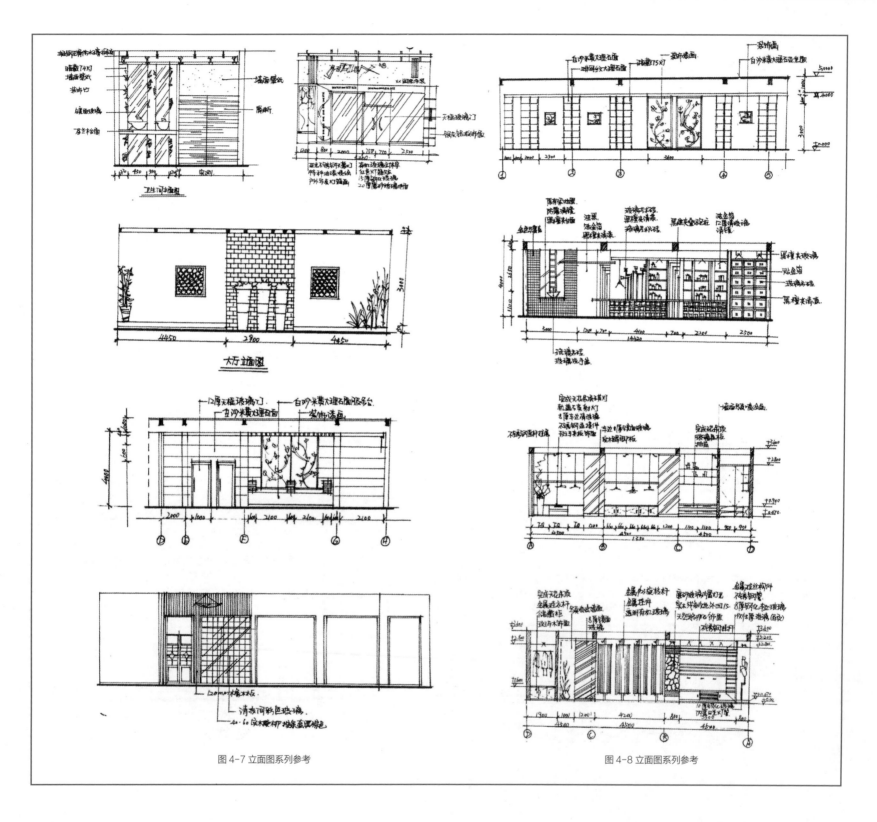

图 4-7 立面图系列参考   图 4-8 立面图系列参考

4.2 室内吊顶设计表达

4.2.1 吊顶图元素表达内容和设计原则

吊顶图是室内设计的一个重要组成部分，一般结合地面空间设计，能够影响空间的整体效果。也被称为天花图、顶棚图。

1. 吊顶图的表达内容

· 通过标高表达吊顶的高度。

· 表现吊顶层的灯具布局和种类，以及管线布置安装，公装还有通风口、音响口、消防等。

· 表达高柜、吊柜的面积与位置。

· 表达吊顶材质、规格、名称。

· 表达吊顶造型尺寸，灯具尺寸定位。

2. 吊顶图设计的原则

· 吊顶设计需要注意内部构造相关尺寸规范，不能凭空想象忽略现实情况。

· 结合平面空间完成符合空间功能属性的顶面设计。

· 具体要求设计者对常规施工工艺和材质规格等比较熟悉。

· 常用吊顶形式有平面吊顶、跌级吊顶、异形吊顶、直线吊顶、弧线吊顶、穹形吊顶以及多种结合起来吊顶。

4.2.2 吊顶图绘制步骤

步骤 1：按照规定比例画出建筑框架、内部墙体分隔及门窗位置，初步交待需要交待的定位轴线和尺寸线，如图 4-9 所示。

步骤 2：交待吊顶层的灯具设计，如图 4-10 所示。

步骤 3：画出顶部材质分区，并按材质尺寸填充吊顶材质，交待吊顶后的标高，如图 4-11 所示。

步骤 4：完成轴线编号、尺寸标注和材质标注，如图 4-12 所示。

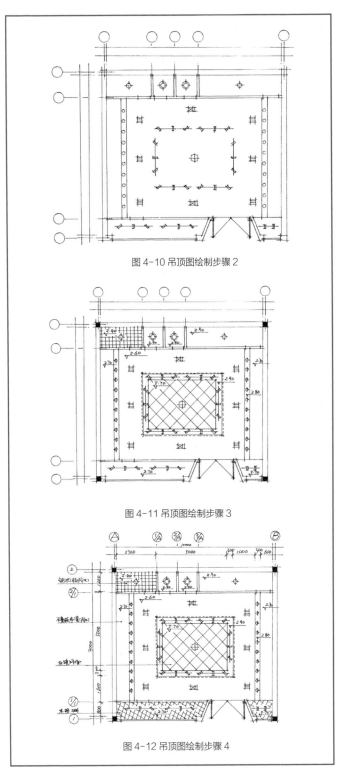

图 4-10 吊顶图绘制步骤 2

图 4-11 吊顶图绘制步骤 3

图 4-12 吊顶图绘制步骤 4

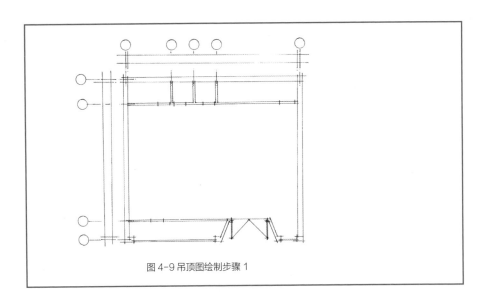

图 4-9 吊顶图绘制步骤 1

4.3 详图图面表达

室内设计详图是对室内平面图、立面图、剖面图中内容的补充。通过对剖面详图的设计和对装修细部的材料使用、安装结构和施工工艺进行分析，得到满足设计要求、符合施工工艺、达到最佳施工经济成本的做法。常说的详图大致有两类：一类是把平面图、立面图、剖面图中的某些部分单独抽出来，用更大比例，画出更大图样，成为所谓的局部放大图或大样图；另一类是综合使用多种图样，完整地反映某些部件、构件、配件、节点或家具、灯具的构造，成为所谓的构造详图或节点图。

在一个室内设计工程中，需要画多少详图、画哪些部位的详图，要根据工程的大小、复杂程度而定。本书主要讨论"快速设计"的问题，如何画好施工详图，是本书不必、也没有权利讨论的领域。在这里只进行一些经验的分享，供大家参考讨论学习。

4.3.1 详图元素表达内容和绘制原则

1. 详图的表达内容

· 施工的用材做法。

· 材质色彩、材料的规格大小。

· 构造分层的用料和做法、施工工艺要求和说明。

· 带有控制性的标高、有关定位轴线和索引符号的编号、套用图号、图示比例及其他有关数据。

2. 详图绘制的原则

· 图形详。图示形象要真实正确，各部分相应位置符号实际，各部件的构造连接一定要清楚切实，各构件的材料断面要用适当图示线，大比例尺的分层构造图应层层可见。整个图像要概念清晰，令人一目了然。

· 数据详。图样细部尺寸、构件断面尺寸、材料规格尺寸等标注要完善；带有控制性的标高、有关定位轴线和索引符号的编号、套用图号、图示比例及其他有关数据都要标注无误。

· 文字详。不能用图像表达，也无处标注数据，如构造分层的用料和做法、材料颜色、施工要求和说明、套用图集、详图名称等都要用文字说明，并要简洁、明了。

4.3.2 详图绘制步骤

为方便理解详图，此处绘制了对应吊顶图及详图位置，在看懂吊顶形式的基础上理解详图的绘制，如图 4-13 所示。

步骤 1：绘制出要表达的轮廓线以及断面，如图 4-14 所示。

步骤 2：进行固定的构件及断面造型绘制，如墙面、顶棚、墙柱、门窗、壁橱、踢脚线等，如图 4-15 所示。

步骤 3：对主要造型进行材质填充；完成尺寸和材质标注；完成图名，如图 4-16 所示。

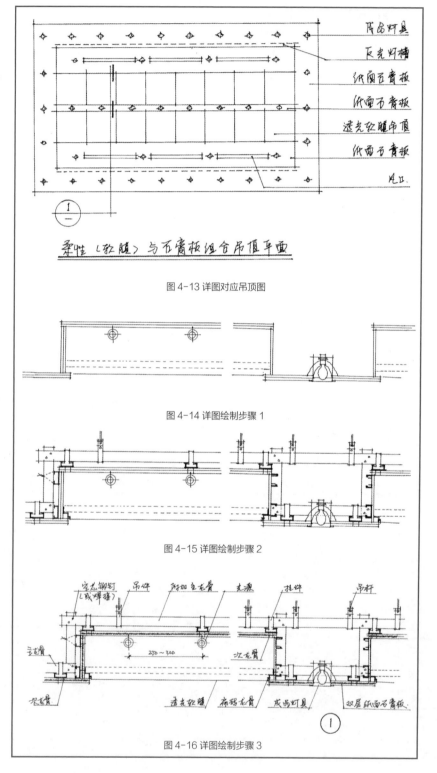

图 4-13 详图对应吊顶图

图 4-14 详图绘制步骤 1

图 4-15 详图绘制步骤 2

图 4-16 详图绘制步骤 3

步骤 4：标示施工注意事项，如图 4-17 所示。

4.3.3 详图示例

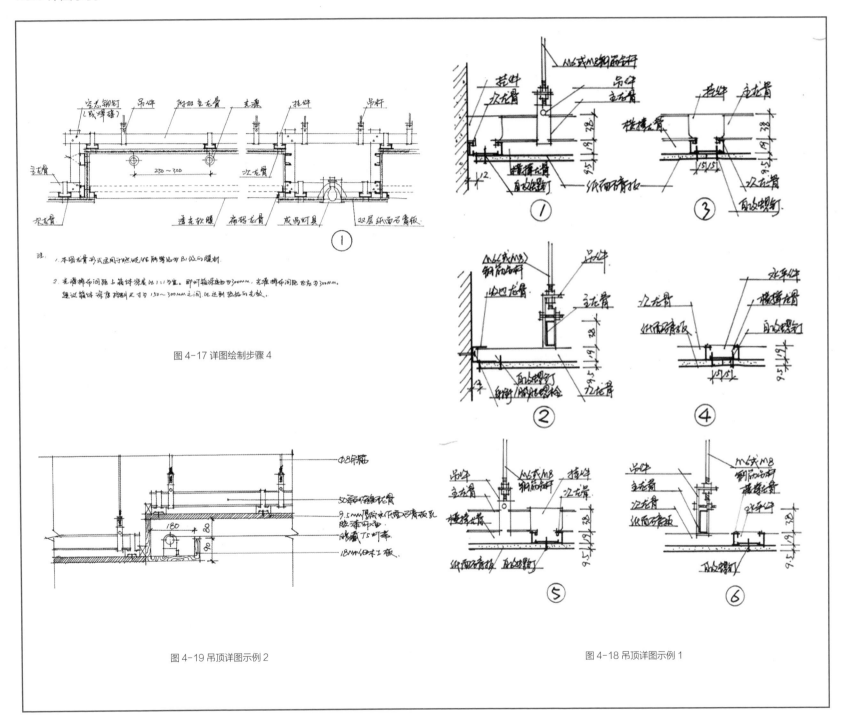

图 4-17 详图绘制步骤 4

图 4-19 吊顶详图示例 2

图 4-18 吊顶详图示例 1

第五章 室内空间效果的设计表达

5.1 室内线稿的表现方式

　　徒手表现与尺规制图是室内效果图的两种主要表现方式，大部分同学在学习手绘的开始阶段很容易被徒手的生动线条所吸引，然后义无反顾地抛弃了传统的透视方法，只专注于线条技巧的练习。当然，技巧练习的确是手绘学习中的一个重要内容。徒手表现的线很生动，图面效果也更吸引人，但不要忘记画出生动线条的那双手经过了长久的练习和锤炼，具有过硬的基础透视能力才能够轻松掌控画面并表现出让人陶醉的设计效果。任何精彩的设计表现都遵循着基本的透视原理，是在理解了透视和空间设计关系之后的合理表达。对初学者来说，首先要牢固地掌握透视基本原理并经过一定时间的巩固练习，为自己训练出一双能够准确判断空间尺度和图面效果的眼睛，同时具备能够灵活表达设计思路的技巧之后再去尝试徒手表达，这样才能在室内设计中更好地发挥手绘表达的作用和意义（见图5-1、图5-2）。

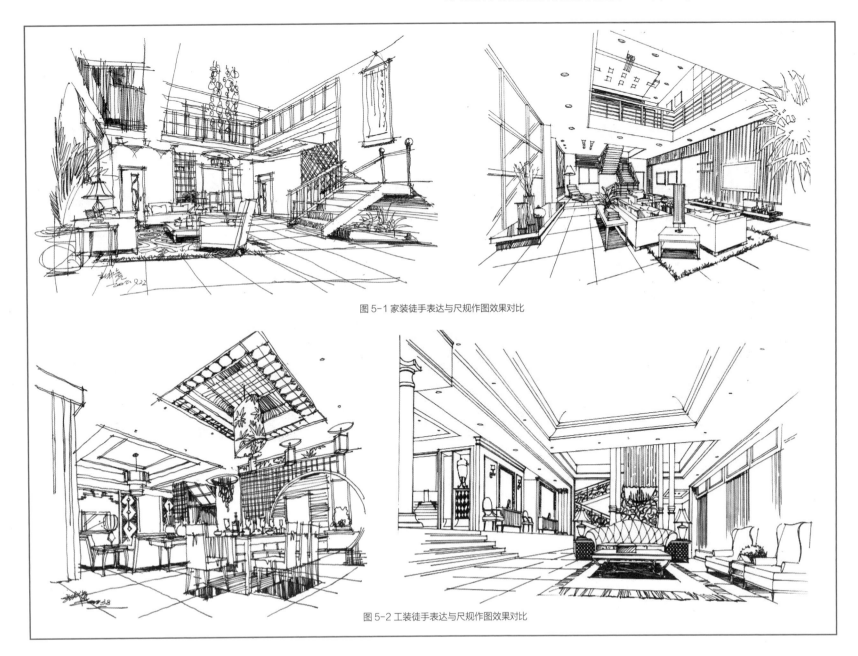

图 5-1 家装徒手表达与尺规作图效果对比

图 5-2 工装徒手表达与尺规作图效果对比

手绘效果图的表现目标是在完成平面、立面等方案的基础上，科学地运用透视原理，准确地表现出设计方案中的空间形态和各设计元素的空间关系，更好地体现设计内容。严谨的透视运用是快速手绘表现最基本的保证。对初学者来说，绘制手绘效果图时经常出现的毛病是不重视透视方法的学习和运用，在建立画面的时候过于随意；或者拘泥于透视原理的生硬理解，受透视规律和方法的束缚不能大胆地组织画面，从而影响最终的画面效果。

绘图中常用的透视为：一点透视、两点透视及微角透视。关于透视的成像原理及具体的制图方法在很多书籍中都有详尽的讲解，本书不再赘述生硬的透视制图规范。

5.2 室内线稿尺规制图类型

5.2.1 一点透视

物体的两组线，一组平行于画面，另一组水平线垂直于画面，聚集于一个消逝点，竖直线保持竖直不变，也称平行透视。一点透视的特点是表现范围广，纵深感强，适合表现庄重、严肃的室内空间。缺点是比较呆板，与真实效果有一定距离。

图 5-3 一点透视示例

5.2.2 两点透视

　　物体有一组竖直线与画面平行，其他两组线均与画面成一定角度，而每组有一个
消逝点，共有两个消逝点，也称成角透视。二点透视图画面效果比较自由、活泼，能
比较真实地反映空间。缺点是，角度选择不好易产生变形。

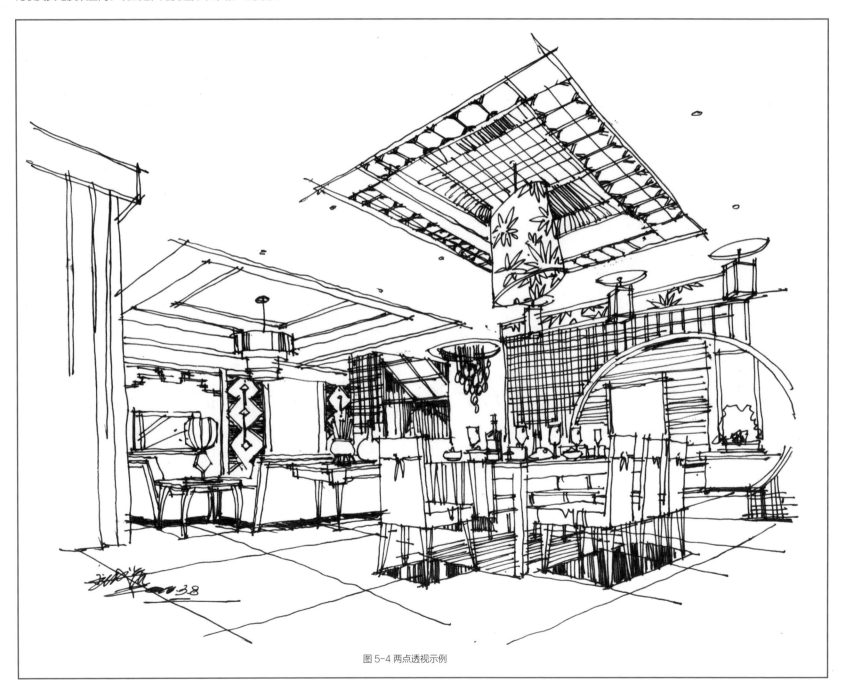

图 5-4 两点透视示例

5.2.3 微角透视

物体有一组竖直线与画面平行，其他两组线均与画面成一定角度，而每组有一个消逝点，共有两个消逝点，其中一个消逝点在画面以内。微角透视图画面效果比较灵活，既能表达充足的空间关系，画面也比一点透视生动。微角透视对手绘功底要求偏高。

5.3 室内线稿尺规制图步骤详解

5.3.1 一点透视画法解析

一点透视的特点：被观察的物象有一个面与画面平行，该平行面的轮廓线在画面中呈横平竖直，与画面垂直的面会形成透视关系，透视线集中消逝于一点即为视中心点。在形成透视关系的面中水平线在画面上依然水平，呈近长远短，竖直线在画面依然竖直，呈近高远低。

图 5-5 微角透视示例

一点透视的透视规律：也称平行透视，只有一个主消逝点。以立方体为例，一般可以看见立方体的三个面，特殊角度只能看见两个面或一个面。当多个不同立方体位于同一空间中时，距离视平线越远则所看到的透视面越宽，反之越窄。距离视点越左或越右时，所看侧面面积越大，越靠近视点则面积越小。

一点透视的构图特点：构图良好的一点透视线稿画面整齐均衡、严肃庄重、一目了然、平衡发展、层次分明、场景深远。

1. 视平线的确定

视平线是我们在图纸上所画的第一根线，并且在绘图过程中始终要根据视平线的位置来确定其他元素的高度和具体位置。视平线不仅仅作为一根线出现在画面中，在完成一幅效果图的过程中视平线始终在提供重要的支持。通过视平线的帮助，我们在手绘效果图的过程中，才能够很容易地找到透视关系中各个室内元素的具体位置，依据视平线的高度进一步确定各家具和空间造型的尺度大小与透视变化。

视平线的高度直接决定着整个图面的透视关系和构图效果，在人的基本视线高度（1.6m）的基础上，根据方案的设计内容和图面需要进行整体考虑，结合设计空间的高度和家具设计的尺寸特点进行调整，这样才能将视平线设置在合适的高度来完整地表达空间设计内容，而室内设计视平线高度通常低于人的正常视平线高度（0.8~1.2m之间）。

对室内设计效果图来说，视平线的确定是非常重要的前期工作，不同的观察高度产生不同的透视画面，视平线的高度直接影响着空间透视关系的表达效果（见图5-6）。

室内设计视平线高度通常低于人的正常视平线高度（0.8~1.2m之间），因此在室内设计空间的表达中是最常用的。

鸟瞰的视高通常会高于人的正常视平线高度，适合用于对室内空间的整体和全局把控。以这种观察方式来表达室内空间主要适用于表达较为复杂的组合空间，否则空间将会空旷。

在正常情况下我们的视线高度为1.5~1.6m左右，但是在绘制效果图时我们要主观地将视平线降低，一般设置在0.8~1.2m之间的画面效果最佳。虽然违背了我们正常站立状态的视线高度，但是0.8~1.2m的高度范围是人生活中坐着的视线高度，人的眼睛对这样高度的空间效果是十分熟悉的，我们按照1m的视平线高度所确定的画面效果并不脱离人的视觉习惯，并能够全面展示空间内容且保证画面效果（见图5-7）。

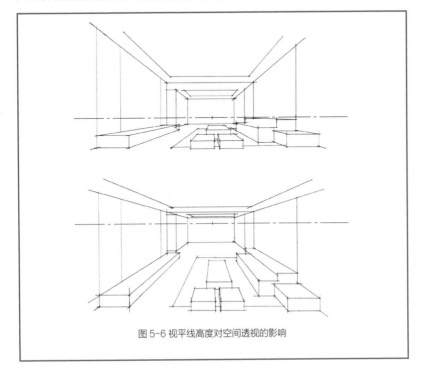

图5-6 视平线高度对空间透视的影响

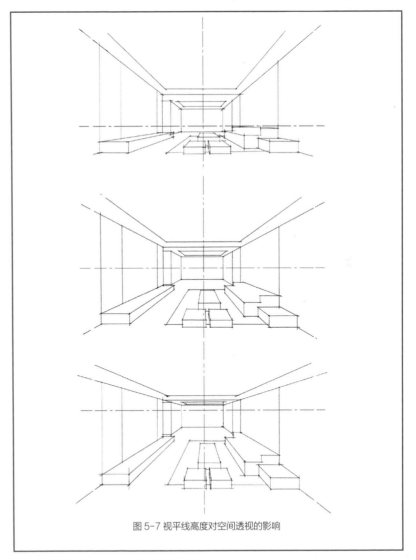

图5-7 视平线高度对空间透视的影响

视线高度为 1m 时

视平线稍高于家具的平面高度，减少地面和家具平面的表达，增加顶面设计的表达空间，更好地表现较为复杂的墙面和吊顶设计。

视线高度为 1.5m 时

视平线位于室内空间的适中位置，地面和吊顶的表达和变化较小，空间中各立面和造型的表达基本一致。

视线高度为 2m 时

视平线远远高于室内空间中的物体时，地面的表达面积将很大，家具之间的关系也清晰可见，也增加了表达的难度，但是吊顶的表达却很少。

总体来说，降低视线高度有以下方面原因：

（1）在正常情况下，室内空间设计方案的地面造型、高差及细节设计变化较少，而吊顶部分的造型、高差变化及相关的设计信息量要远远大于地面，透视中将视平线设置在低于空间的中线高度位置，能够让透视画面中的吊顶造型所占据的面积大于地面，这样便回避了对相对平整的地面的描绘，有助于设计重点的表达。

（2）对于很多初学者来说，地面的表现要难于天花。室内空间中所有的家具都摆放在地面上，地面的表达直接关系到家具表达的深入程度，降低视线的高度能够减少画面中地面的大小，从而降低绘图的表现难度，也有助于初学者在绘制设计表现图的过程中扬长避短。

（3）将视平线降低，在透视图中人的视线对吊顶将更倾向于一种仰视状态，这样能够使空间在不失真的情况下显得更加挺拔，同时也能够避免图面产生头重脚轻的现象，更好地体现空间的设计。

（4）在特殊情况或个别的设计方案中，视线高度可以定得更低些，例如有大量餐桌、餐椅的餐饮空间设计，一般将视平线直接定为餐椅椅背的高度或者仅仅比桌面略高即可，高度在 0.8~0.9m 左右，这样便可以省去以俯视角度画大量家具的麻烦，同时又更好地表现了空间中最复杂的墙面及吊顶的设计（见图 5-8）。

透视中的视平线高度直接影响画面中家具和各造型要素的水平面大小与透视效果，因此，在制图过程中应根据人的视线实际高度进行调节的同时要参考室内各家具的高度和大小进行调整，原则上视平线要略高于桌面等主要家具的水平面高度，这样在表现的时候能够让家具控制整体画面效果。

2. 灭点的确定

一点透视中，用唯一的灭点控制着空间中所有物体的变化方向和透视角度，所以灭点的位置将直接影响空间各墙面大小和家具布置状况的呈现效果，是透视关系中的重要因素。灭点的位置确定不能生硬地照搬规律，要根据不同的设计方案内容和画面的效果灵活运用。

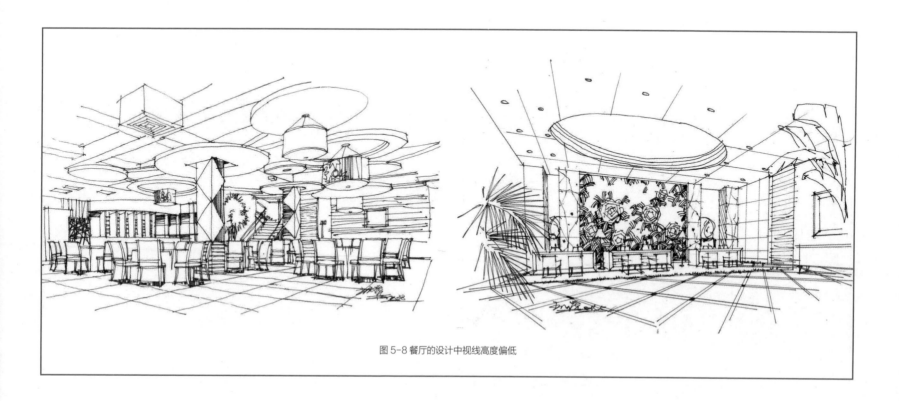

图 5-8 餐厅的设计中视线高度偏低

首先要按照室内设计的平面布局和具体的设计内容确定灭点的位置，先确定效果图中所要表现的主体设计造型主要集中在哪面墙，那么在一点透视中的灭点就要离这面墙稍远些，使所要表达的墙面能够适当变大，为表现设计营造出更大的空间（见图5-9）。

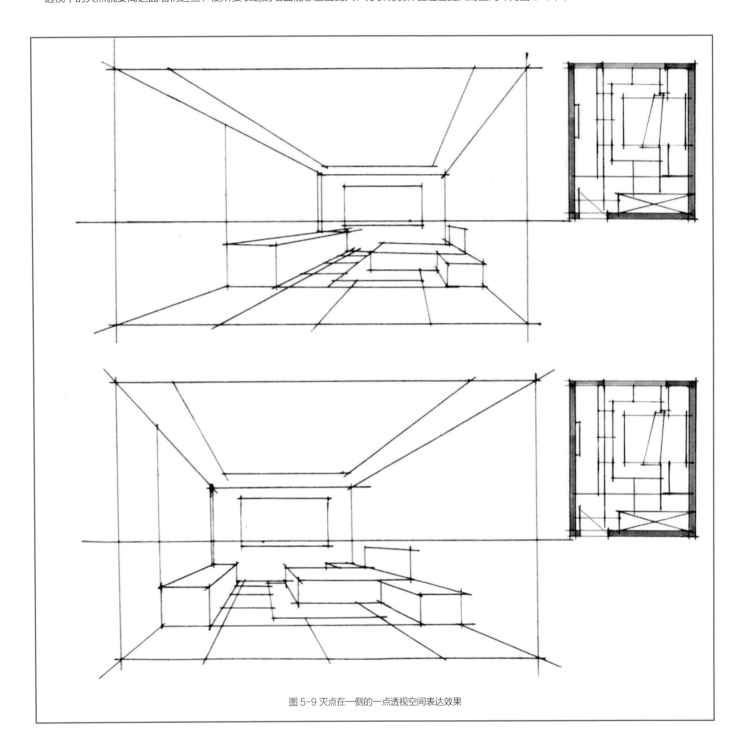

图 5-9 灭点在一侧的一点透视空间表达效果

在右侧的观察点，强调左侧的空间界面，主要表达左侧电视背景墙。

在左侧的观察点，强调右侧的空间界面，床头背景墙的形态特征能够更加精细地描绘出来。

3. 透视网格的简便（逆推）确定方法

空间中所有的透视线都因透视关系的存在发生了方向和长度的变化。水平线的长度我们能够通过直尺来测量，但是发生透视变化与灭点相连的透视线是不能通过直尺来测定长度的，为了便于理解在此引用一个"网格"作图方法，网格是确定单位长度的线在空间中所产生的透视变化规律的辅助线，通过测网格能够帮助我们找到与灭点方向一致的透视线的变化规律以及长度尺寸。

此方法将有别于且更优于找侧点 m 的方法，如果侧点确定得不合适将会造成绘图过程中的很多困扰和问题，在此网格法作图中将会减少或避免该类现象的发生，简便易学，将大大缩减初学者对于找侧点 m 法的理解。网格也将直接影响着空间各元素的比例关系，同时网格的位置也间接影响着透视比例和物体大小关系。

确定网格（逆推）的常规方法：

在实际操作中我们可以反向地推着画（逆推）：先确定好构图框，既构图所占纸张面积的大小，把所要表达的地面范围和大小在构图图框的位置确定下来，然后根据纸张高度的三分之一处确定地平线，再根据空间的位置和比例大小确定好内框，在内框处取三分之一通常为 1m 确定视平线高度，根据灭点确定原则确定好灭点，平均分割内框处地平线得到平均分割点，通过平均分割点与灭点的连线确定好地面透视网格线（见图 5-10）。

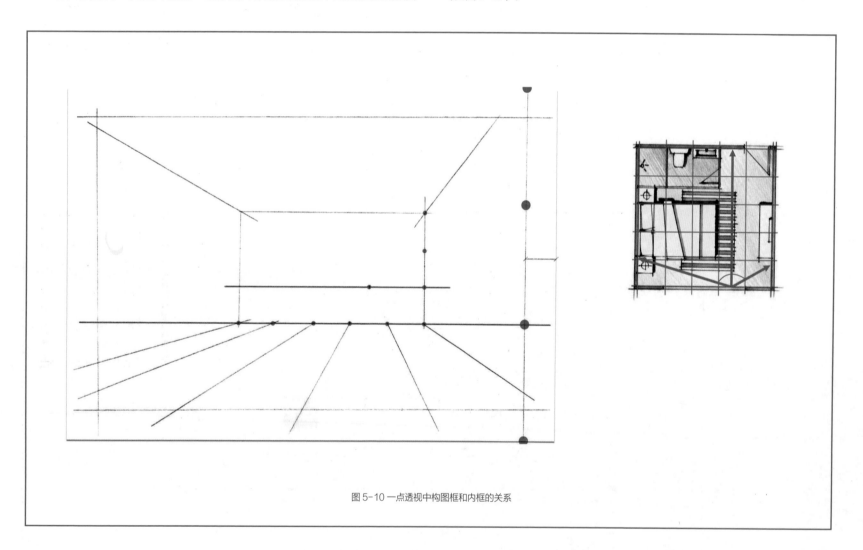

图 5-10 一点透视中构图框和内框的关系

构图框的范围、内框和视平线高度通过三分之一法则确定，在所要表达的空间地平线上，平均分割该线段得到均等的分割点，与灭点的连线确定好地面透视网格线。

我们知道矩形的对角线相等且互相平分该矩形，由此可从得到的透视网格图中选取任意矩形框作为横向网格的参考面，连接该矩形的对角线，在交点处画水平线段相交于墙角线。通过同样的方法画出其它水平网格。在得到的网格透视中分别确定地面各家具及空间设计内容的位置。这样确定的地面便不会产生无法控制的问题，规避了很多图面边缘的变形错误，能够保证基本的画面效果（见图5-11）。

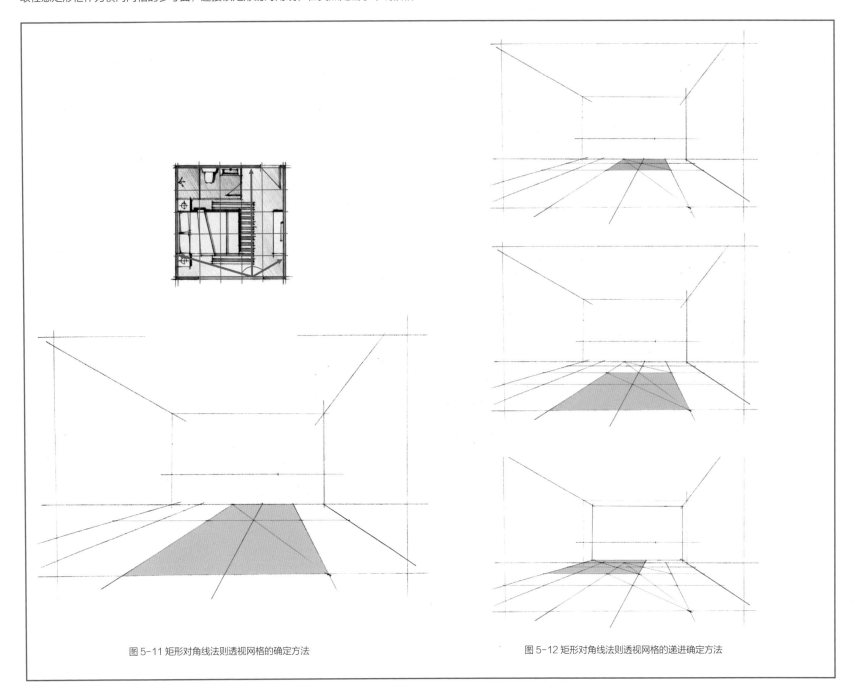

图5-11 矩形对角线法则透视网格的确定方法

图5-12 矩形对角线法则透视网格的递进确定方法

通过矩形的对角线相等且互相平分该矩形的原则，从得到的透视网格图中选取任意矩形框作为画出横向网格的参考面，依次画出水平网格。

矩形的对角线只画出了四个网格，第五格可采取画面中 2×2 或 3×3 等网格形成的等边四边形法往内框推出第五格。

4. 一点透视深化表达方法

一点透视的线稿构图首先要明确方案的设计概念，确定视线方向和所表达的设计核心内容，然后再根据透视原理进行绘图。

一点透视构图中要仔细分析各个要素，从方案设计的角度综合运用透视规律和绘图方法，选择合适的透视角度并协调画面中的各个因素。从整体来看，透视构图的每个绘图步骤都需要不断地选择、判断和思考，绘图是一个循序渐进、逐渐深入的过程（见图 5-13 ）。

根据平面图的网格参考，把所有物体的平面图例严格按照网格参考画到透视网格中，注意各物体间比例关系。初学者应当注意越靠近内部构图框的物体发生透视变化后会越小。

在基本的空间透视中利用透视网格中各物体间的透视关系及形态特征完成空间内主体家具的大小和空间关系。

根据三面墙体的动态关系，完成空间内主体家具的大小、各立面的主体造型特点的表达，完成立面造型和材质特点的表达，勾画各造型和形态关系的厚度、高度以及各立面的转折关系，进一步丰富空间的内容。

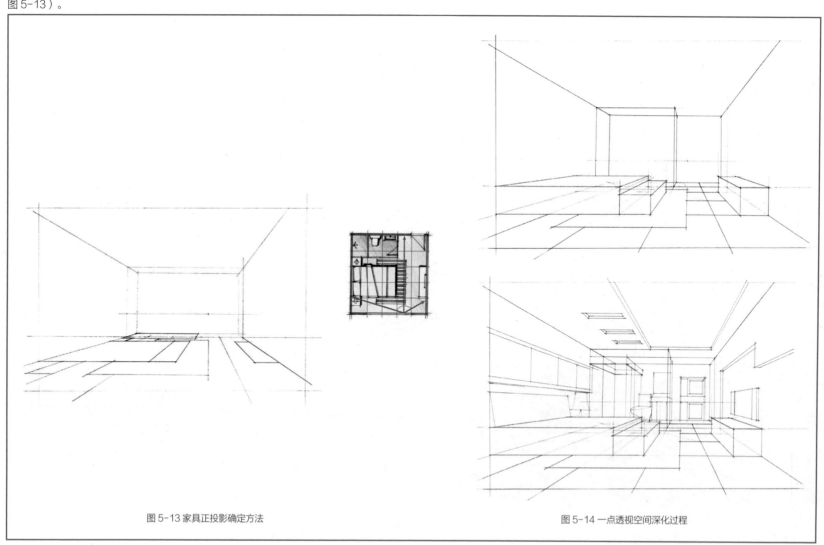

图 5-13 家具正投影确定方法　　　　　　　　　　　　　图 5-14 一点透视空间深化过程

透视构图中最重要的几个要素是：灭点、视平线和透视网格，在练习的过程中要认真分析它们和图面效果之间的关系，理解不同要素在位置和高度的变化中会对效果图产生怎样的影响。一点透视中，灭点的位置直接影响着画面中几面墙体的围合形态与大小关系，网格的位置决定着地面的大小和进深。要总结画面形成的规律和具体的调整方法，更好地理解透视原理，更灵活地运用在效果图表达中。

如何选择视角及视平线高度，关系着一张手绘表现图的表达方式和展现的具体信息量，同时又直接影响着画面效果；如何确定灭点和网格的位置，左右着整体的透视关系，同时又结合画面需要进行总体的调整。对于透视方法中各辅助点位置的确定和各项要素的调整直接影响着画面的组织方式和图面效果，也是后期建立画面的基础和前提。我们在绘图过程中不能死守规范，要根据图面效果随时调整和修改，灵活地运用这些规律和方法才能更好地表达设计。

5.3.2 两点透视画法解析

两点透视的特点：如果物象仅有铅垂轮廓线与画面平行，而另外两组水平的主向轮廓线，均与画面斜交。近高远低是两点透视明显的特点之一。

两点透视的透视规律：与画面斜交的两个面，在画面上形成了两个消逝点，这两个消逝点都在视平线上，这样形成的透视图称为两点透视，也称成角透视。室内两点透视的消逝点离真高线越远透视感越弱，绘制出来的空间越不充分。而消逝点离真高线越近透视感越强，甚至会失真。

两点透视的构图特点：构图良好的两点透视线稿具有活泼、生动特点。与真实场景空间相比，具有很好的真实性，可以表达变化丰富、纵横交错的场景。

1. 视平线的确定

两点透视中视平线的确定规律与一点透视、一点斜透视基本一致，可参考前文所述一点透视、一点斜透视的部分内容。主要考虑视平线高度和空间设计中家具的比例关系，保证各造型在空间中所呈现出的平面大小适宜，透视关系要满足画面视觉效果的需要。

视平线高度影响画面中各要素的水平平面大小，根据正常视线高度进行绘图的同时，要参考室内各家具的高度和大小进行调整。原则上要略高于桌面等主要家具的高度，这样能够让家具的平面大小比较适当，更好地控制画面的效果。绘图中要注意墙角线的位置和高度的确定，视线高度要随着空间的高度变化和空间中各元素的关系进行适当的调整（见图5-15）。

· 视线高度为 1m 时

人的正常的视线线高度是 0.8~1.2m 之间，在高度为 3m 的空间中，视线高度设定为 1m 时，产生的地面及家具空间透视关系较为平缓，空间视觉效果较为舒适。

· 视线高度为 2m 时

在高度为 3m 的空间中，视线高度设定为 2m 时，地面产生的空间透视关系较变

成拉伸变形，趋近于鸟瞰的视觉感受，由此可见这种视线的确定不利于整体方案的表达。

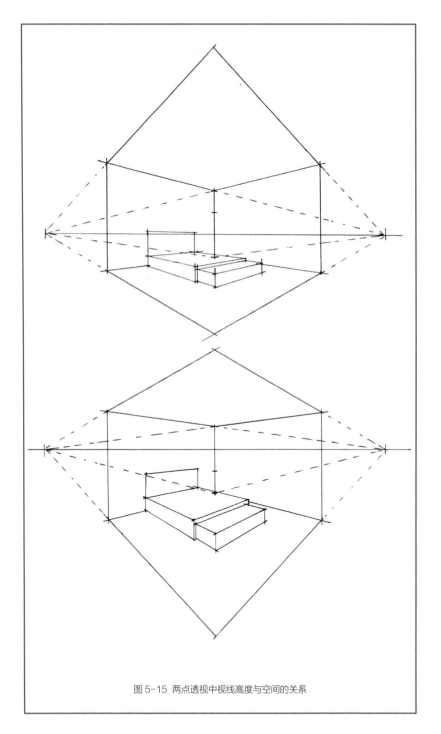

图 5-15 两点透视中视线高度与空间的关系

2. 灭点的确定

两点透视的灭点分别位于中心线的两侧，分别控制着室内空间中两个方向的透视线。在绘图中，尽量保证围台的墙面和各造型元素有远近的变化，不要让所控制的两面墙体大小相等，这样会使画面显得呆板。按照室内设计的平面布局和整体的设计内容确定灭点的位置，先确定出来效果图中所要表现的主体设计造型主要集中在哪面墙，那么在两点透视中控制该墙面的灭点就要稍远些，使墙面能够适当变大，为表现设计营造出更大的空间（见图5-16）。

两个灭点对称所确定的两面墙体大小一致，构图均等但是两点透视中往往很少产生完全对称的构图，形体和空间的墙面相对于观察者的视线来说都有着不同的倾科方向和距离。

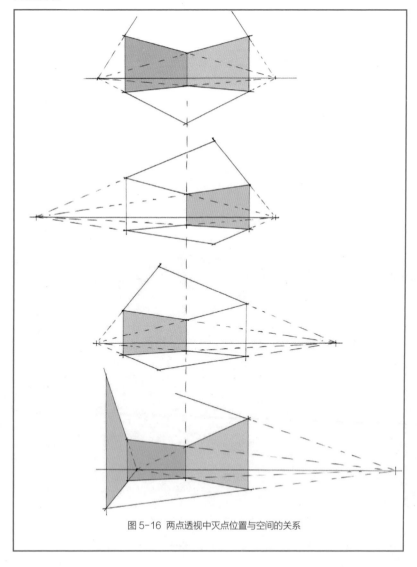

图5-16 两点透视中灭点位置与空间的关系

左侧灭点距离中线较远，那么根据它所确定的右侧的墙体则变得更长一些。若想重点刻画右侧墙面，则需将左侧灭点设定得稍远些。

与上面一种情况一样，距离中心线较远的是右侧灭点，此时应当注意到地面大小关系也因此发生不同的变化。

若两点透视的其中一个灭点设定得很远，那么距离近灭点近的则具备了微角透视的特征，空间的围合墙体则会更全面地展现出来，出现了微角透视的视觉效果。

3. 透视网格的简便（逆推）确定方法

两点透视因为所表现的两个方向的空间墙体都有不同角度的透视变化。两个透视灭点所控制的墙体和地面都需要通过网格进行控制和调整，所以两点透视中网格位置的确定变得非常重要。

网格的具体操作方法可以参考一点透视和一点斜透视的网格确定方法进行绘制，但是要注意的是：逆推得出网格的方法是一种根据画面效果进行确定的方法，在绘图中必然会产生一定的误差，需要主动调节。需要注意的是一点透视中只有一个灭点控制地面的透视变化，难度较低；而两点透视中有两个透视方向，矩形对角线法则需要确定两个透视方向上的矩形对角线中点来确定透视网格，而且随着透视网格的变化会加剧物体透视的误差和变形。制图中要时刻注意网格方向所控制的地面大小和空间效果之间的关系，在保证整体画面效果的前提下适当地进行调整和变化。

4. 确定网格（逆推）的常规方法

网格与倾斜外框的角度变化影响着整体的透视效果，网格角度决定着地面的大小和进深，所有网格控制着空间中两个方向的透视变化，二者都决定着整体画面的透视效果。

在实际操作中我们先把一点透视内框和构图框在图纸上把所要表达的地面范围确定下来，要综合考虑整体构图需要以及墙、地面和吊顶的关系，将所确定地面范围的倾斜线根据矩形对角线法则作出透视网格；再根据网格分别确定各个空间造型的位置关系。这样确定的地面能够基本满足视觉需要，不会出现严重的透视误差和无法控制的问题，规避了很多图面边缘的变形错误，能够保证基本的透视效果（见图5-17）。

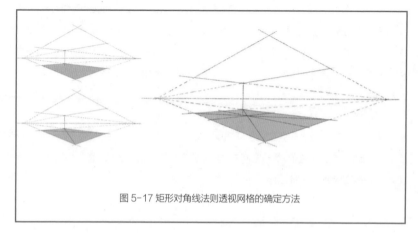

图5-17 矩形对角线法则透视网格的确定方法

通过矩形的对角线相等且互相平分该矩形的原则，从得到的透视网格图中选取任意2个对角线作为画出中等平分网格的参考线，连接两点连线的交点得出中等平分网格线。

根据已知矩形的对角线相等且互相平分该矩形的原则，比较容易得出4×4的网格，要得出6×6的网格还需运用到矩形三等分法则。从得到的透视网格图中选取任意对角线作为画出三等分网格的参考线，根据两点透视原理连接两点连线即得出三等分网格线。

里面网格相对较小，透视和网格线都不容易把握，初学者较为容易出现误差，需要完全对透视原理的认知和把握才能熟能生巧地运用于画面当中。

最后可根据对角线相等且互相平分该矩形的原则，从得到的透视网格图中选取任意2个对角线作为画出中等平分网格的参考线，连接两点连线的交点得出中等平分网格线。

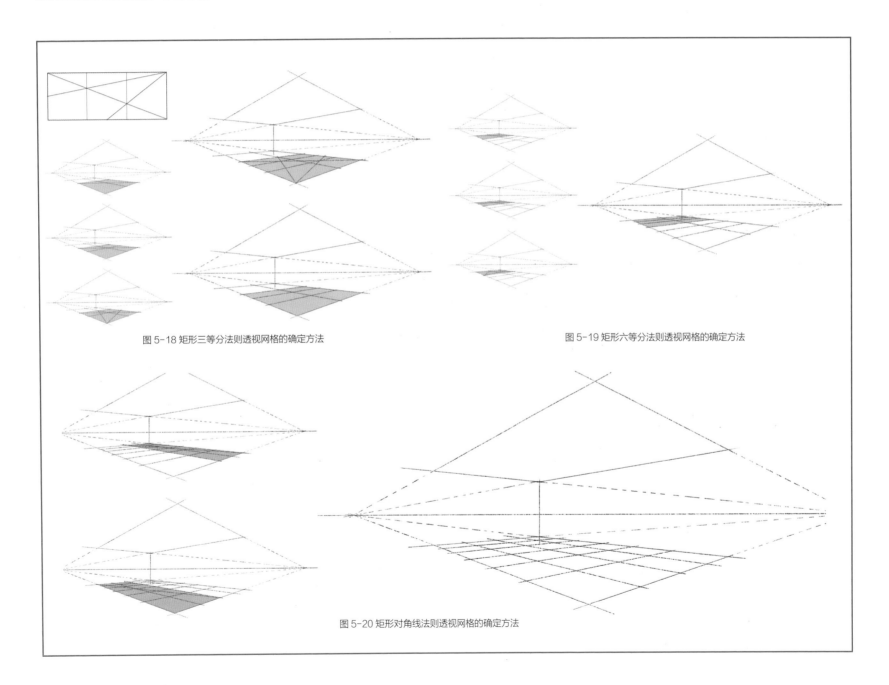

图 5-18 矩形三等分法则透视网格的确定方法

图 5-19 矩形六等分法则透视网格的确定方法

图 5-20 矩形对角线法则透视网格的确定方法

5. 两点透视深化表达方法

两点透视的线稿构图仍然要明确方案的设计概念，确定视线方向和所表达的设计核心内容，然后再根据透视原理进行绘图。

两点透视图中，各个要素在透视变化中产生很多的可能性，完成透视的难度更大，要仔细分析各个要素，从方案设计的角度综合运用透视规律和绘图方法，选择合适的透视角度并协调画面中的各个因素。从整体来看，透视构图的每个绘图步骤都需要不断地选择、判断和思考，绘图是一个循序渐进、逐渐深入的过程（见图5-21）。

根据平面图的网格参考，把所有物体的平面图例严格按照网格参考画到透视网格中，注意各物体间位置、透视及比例关系。初学者应当注意越靠近内部构图框的物体越小、细节越多、越容易发生透视错误（见图5-22）。

在基本的空间透视中利用透视网格中各物体间的透视关系及形态特征完成空间内主体家具、各墙体和顶棚的大小和初步空间效果间的关系。

在初步空间效果间中勾画出各造型和形体关系的厚度、高度以及各造型和形体关系，进一步确定画面结构的空间效果间的关系，完成各物体间的主体造型特点及形态特征（见图5-23）。

最后围绕主体表达的内容，整体调整画面关系，细致刻画视觉中心的家具造型、物体间的光影、结构转折和材质间的关系，进一步丰富画面的空间氛围（见图5-24）。

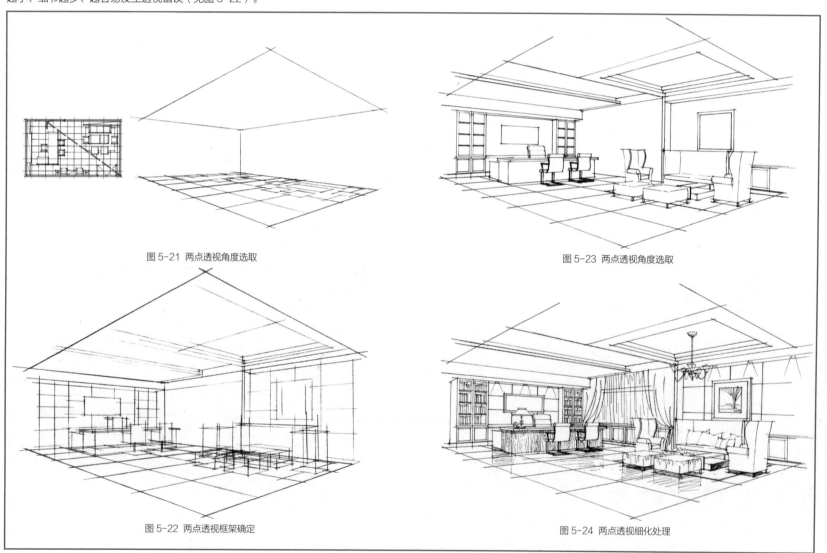

图 5-21 两点透视角度选取

图 5-23 两点透视角度选取

图 5-22 两点透视框架确定

图 5-24 两点透视细化处理

两点透视构图中最重要的是理解地面、顶面倾斜角度和各墙面大小的关系，透视中网格的位置直接影响着画面中几面墙体的形态特征和整体画面效果。练习过程中要认真分析他们和画面效果之间的关系，理解不同要素在位置和高度的变化中会对整体效果图产生怎样的影响；在绘图过程中应当总结画面形成的规律和具体的调整方法，更好地理解透视原理，才能更灵活地运用在效果图当中。

5.4.3 微角透视画法解析

微角透视的特点：物象与画面有微小角度，形式上接近一点透视可以看见室内五个面，性质上属于两点透视的特殊角度。

微角透视的透视规律：微角透视的两个消逝点，一般一个取在内墙三分之一处；另一个消逝点则可在左边较远处亦可在右边较远处，通常在画面以外，越远透视感越弱，越近则透视感强容易失真。

微角透视的构图特点：构图良好的微角透视线稿兼具一点透视的空间感强和两点透视的生动自然。

1. 视平线的确定

微角透视中视平线的确定规律与一点透视基本一致，可参考前文所述一点透视的部分内容，主要考虑视平线高度和空间中家具比例关系，保证各造型在空间中所呈现出的平面大小适宜，透视关系要满足画面视觉效果的需要。

视平线的高度影响着画面中各要素的水平面大小，根据方案的设计内容和图面需要进行整体考虑，结合设计空间的高度和家具设计的尺寸特点进行调整，这样才能将视平线设置在合适的高度来完整地表达空间设计内容。原则上视平线要略高于桌面等主要家具的高度，这样能够让各家具的平面大小比较适宜，才能更好。

地控制画面效果。绘图中还要注意构图框的位置和倾斜变化，视平线要随着空间的高度变化和空间中各元素的关系进行适当调整（见图5-25）。

在高度为3m的空间中，若画面中视平线高于正常视线高度，地面会发生明显的形变，顶棚所表达的面积过小，所产生的空间透视关系则会造成画面的不协调。

人的正常视线高度为1m时，在高度为3m的空间中，三面墙体和顶棚围合所产生的表达面积，最为接近人的正常视角，所产生的空间透视关系最为舒适，也使得我们更好地控制画面效果。

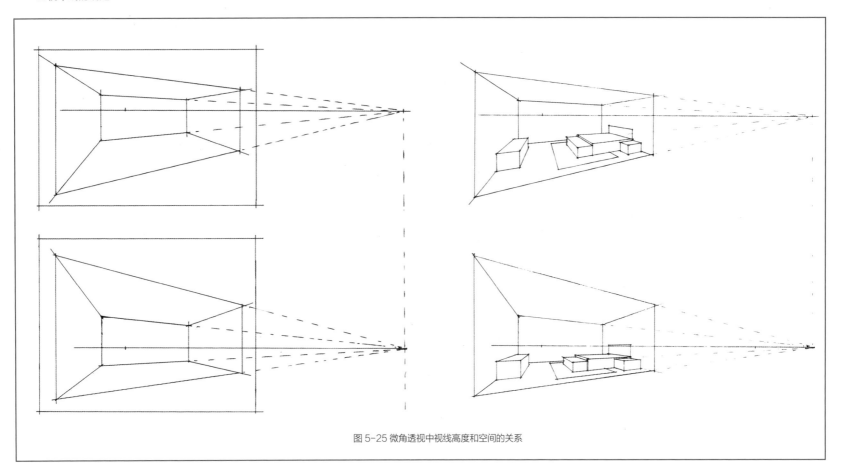

图 5-25 微角透视中视线高度和空间的关系

2. 灭点的确定

微角透视中，灭点的位置根据画面的比例关系确定，根据所表达的内容和空间需求决定绘图中角度和透视关系。

微角透视中，用两个灭点来控制空间中所有物体的变化方向和透视角度，所以灭点的位置将直接影响空间各墙面大小和家具布置状况的呈现效果，是透视关系中的重要因素。灭点的位置确定不能生硬地照搬规律，要根据不同的设计方案内容和画面的效果灵活运用。

首先要按照室内设计的平面布局和具体的设计内容确定两个灭点的位置，先确定效果图中所要表现的主体设计造型主要集中在哪面墙，那么在微角透视中的倾斜角度就要倾斜于该墙体，使所要表达的墙面能够适发生角度变化，为表现设计营造出不一样的空间。

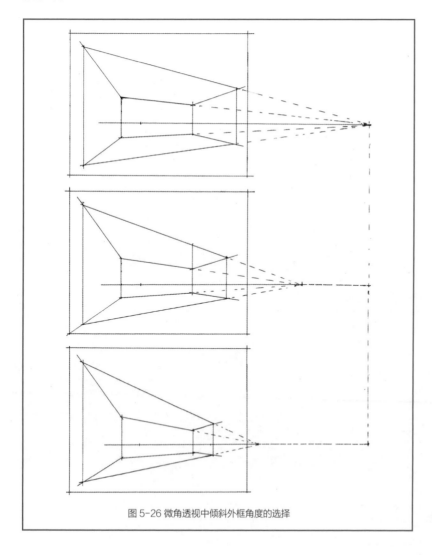

图 5-26 微角透视中倾斜外框角度的选择

在人的正常视线高度为 1m，高度为 3m 的空间中，画面构图外框线倾斜角度决定图面大小。倾斜角度越缓空间表达越清晰。

微角透视内框处灭点不要确定在画面中心，位于画面中心的灭点会使空间左右失去平衡。

由于灭点和视平线的关系空间变得不容易协调，往往图面的边缘很容易发生变形或者地面显得很险陡，处理不当会使整个空间显得过于变形。

3. 透视网格的简便（逆推）确定方法

微角透视因为所表现的两个方向的空间墙体都有不同角度的透视变化。两个透视灭点所控制的墙体和地面都需要通过网格进行控制和调整，所以一点斜透视中网格位置的确定变得非常重要。

网格的具体操作方法可以参考一点透视的网格确定方法进行绘制，但是要注意的是：逆推得出网格的方法是一种根据画面效果进行确定的方法，在绘图中必然会产生一定的误差，需要主动调节。需要注意的是一点透视中只有一个灭点控制地面的透视变化，难度较低；而一点斜透视中有两个透视方向，矩形对角线法则需要确定两个透视方向上的矩形对角线中点来确定透视网格，而且随着透视网格的变化会加剧物体透视的误差和变形。制图中要时刻注意网格方向所控制的地面大小和空间效果之间的关系，在保证整体画面效果的前提下适当地进行调整和变化。

网格与倾斜外框的角度变化影响着整体的透视效果，网格角度决定着地面的大小和进深，所有网格控制着空间中两个方向的透视变化，二者都决定着整体画面的透视效果。

构图框的范围、内框和视平线高度通过三分之一法则确定，在所要表达的空间地平线上，平均分割该线段得到均等的分割点，与内框灭点的连线确定好地面透视网格线。

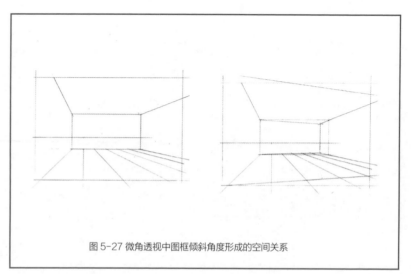

图 5-27 微角透视中图框倾斜角度形成的空间关系

倾斜外框的角度变化决定着整个图面的透视关系和构图效果，在人的基本视平线高度1m的基础上，根据方案的设计内容和图面需要进行整体考虑，结合设计空间的高度和透视原理将倾斜透视角度设置在合适的角度，完整地表达设计内容。

4. 确定网格（逆推）的常规方法

在实际操作中我们先把一点透视内框和构图框在图纸上把所要表达的地面范围确定下来，要综合考虑整体构图需要以及墙、地面和吊顶的关系，将所确定地面范围的倾斜线根据矩形对角线法则作出透视网格；再根据网格分别确定各个空间造型的位置关系。这样确定的地面能够基本满足视觉需要，不会出现严重的透视误差和无法控制的问题，规避了很多图面边缘的变形误差，能够保证基本的透视效果（见图5-28）。

通过矩形的对角线相等且互相平分该矩形的原则，从得到的透视网格图中选取任意2个矩形框作为画出横向网格的参考面，连接两个中点得出横向倾斜网格。

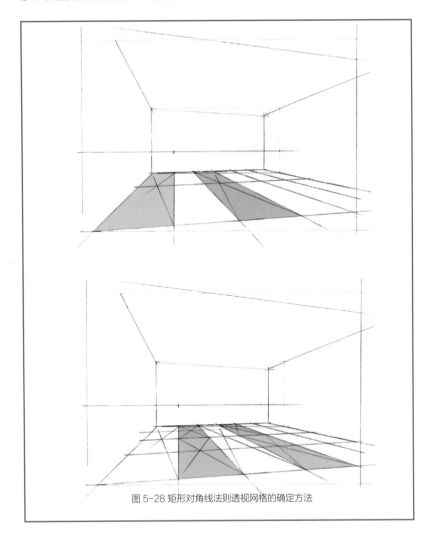

图 5-28 矩形对角线法则透视网格的确定方法

由于在画面中找不到另一个灭点，我们采取网格法逆推，需要利用左右两边的网格来确定网格倾斜线的变化，因此我们画图中要注意网格的对应切记不可找错网格。

5. 微角透视深化表达方法

微角透视的线稿构图首先要明确方案的设计概念，确定视线方向和所表达的设计核心内容，然后再根据透视原理进行绘图。

微角透视图中，各个要素在透视变化中产生很多的可能性，完成透视的难度更大，要仔细分析各个要素，从方案设计的角度综合运用透视规律和绘图方法，选择合适的透视角度并协调画面中的各个因素。从整体来看，透视构图的每个绘图步骤都需要不断地选择、判断和思考，绘图是一个循序渐进、逐渐深入的过程（见图5-29）。

根据平面图的网格参考，把所有物体的平面图例严格按照网格参考画到透视网格中，注意各物体间位置、透视及比例关系。初学者应当注意越靠近内部构图框的物体越小、细节越多、越容易发生透视错误（见图5-30）。

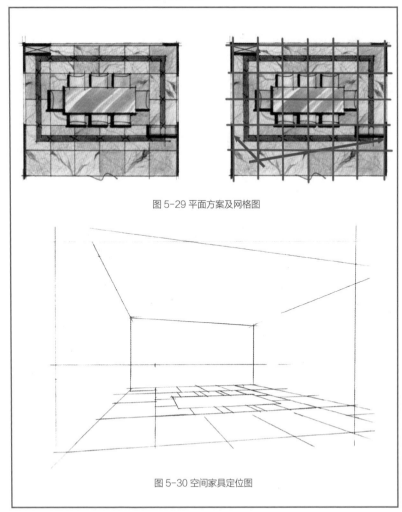

图 5-29 平面方案及网格图

图 5-30 空间家具定位图

在基本的空间透视中利用透视网格中各物体间的透视关系及形态特征完成空间内主体家具、各墙体和顶棚的大小和初步空间效果间的关系（图5-31）。

在初步空间效果间中勾画出各造型和形体关系的厚度、高度以及各造型和形体关系，进一步确定画面结构的空间效果间的关系，完成各物体间的主体造型特点及形态特征（图5-32）基本空间确定。

在基本的空间关系、各体块造型主体材质特点都完成之后，细致刻画视觉中心的家具造型的细节特点，并深入表达空间中的陈设和装饰细节，丰富画面的空间的内容（图5-33）。

最后围绕主体表达的内容，整体调整画面关系，细致刻画视觉中心的家具造型、物体间的光影、结构转折和材质间的关系，进一步丰富画面的空间氛围（图5-34）。

微角透视构图中最重要的是理解构图图框的倾斜角度和各墙面大小的关系，透视中网格的位置直接影响着画面中几面墙体的形态特征和整体画面效果。练习过程中要认真分析他们和画面效果之间的关系，理解不同要素在位置和高度的变化中会对整体效果图产生怎样的影响；在绘图过程中应当总结画面形成的规律和具体的调整方法，更好地理解透视原理，才能更灵活地运用在效果图当中。

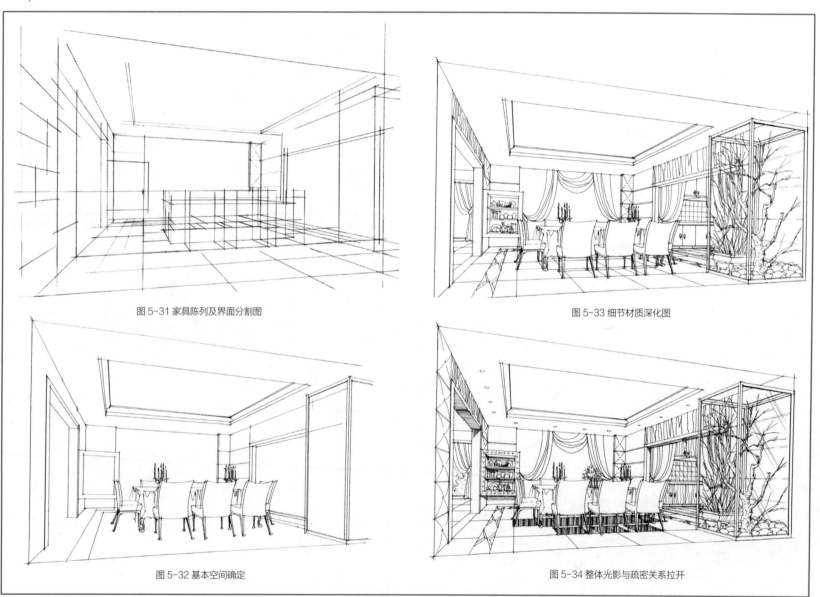

图5-31 家具陈列及界面分割图

图5-33 细节材质深化图

图5-32 基本空间确定

图5-34 整体光影与疏密关系拉开

5.4 室内效果图线稿参考

5.4.1 家装线稿

图 5-35 客厅透视示例

图 5-36 起居室透视示例

图 5-37 复式客厅空间示例

图 5-39 卧室透视示例

图 5-38 现代客厅透视示例

图 5-40 主卧透视效果示例

5.4.2 公装线稿

图 5-41 咖啡厅休闲空间效果示例

图 5-42 餐饮空间包厢效果示例

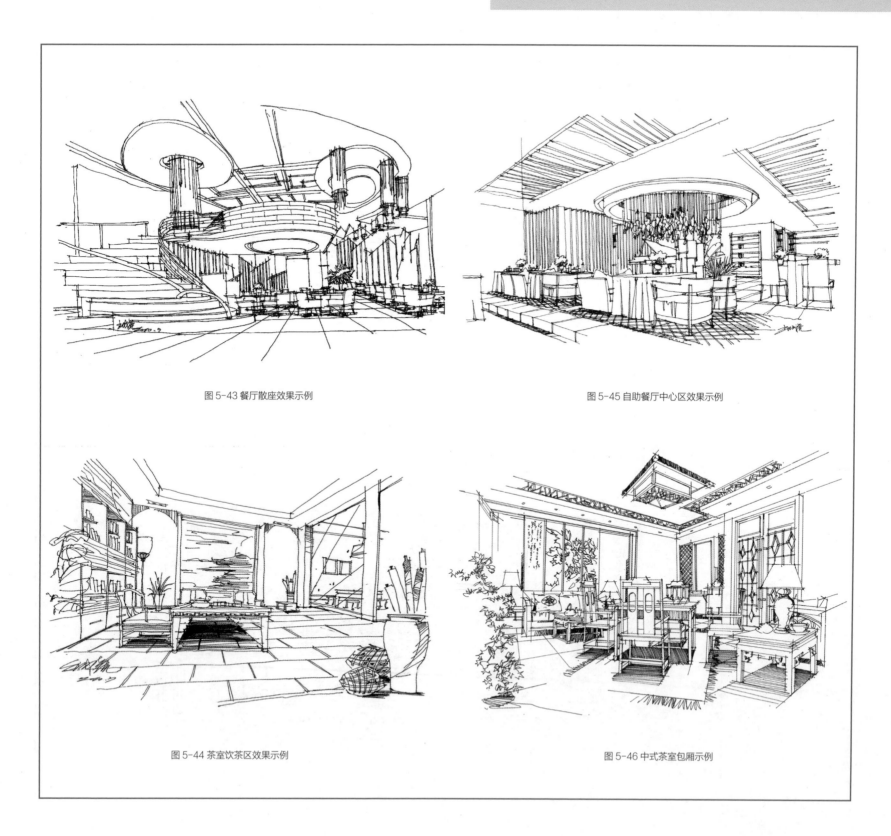

图 5-43 餐厅散座效果示例

图 5-45 自助餐厅中心区效果示例

图 5-44 茶室饮茶区效果示例

图 5-46 中式茶室包厢示例

图 5-47 餐饮空间效果示例

图 5-48 书吧空间效果示例

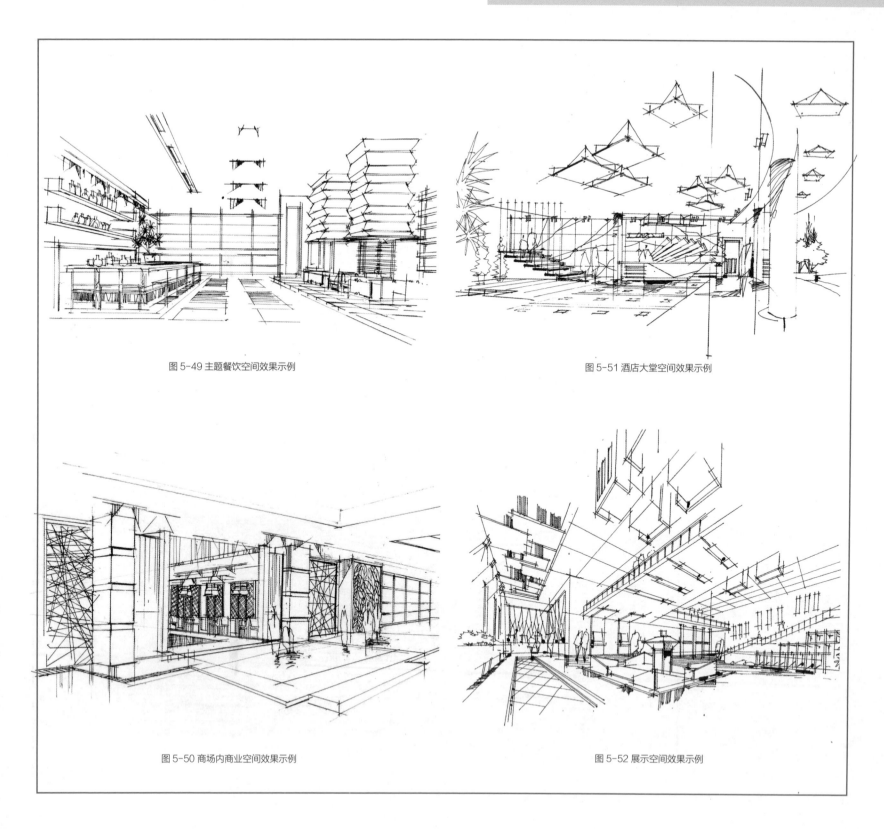

图 5-49 主题餐饮空间效果示例

图 5-51 酒店大堂空间效果示例

图 5-50 商场内商业空间效果示例

图 5-52 展示空间效果示例

图 5-53 文化展示效果示例

图 5-54 商业展示效果示例

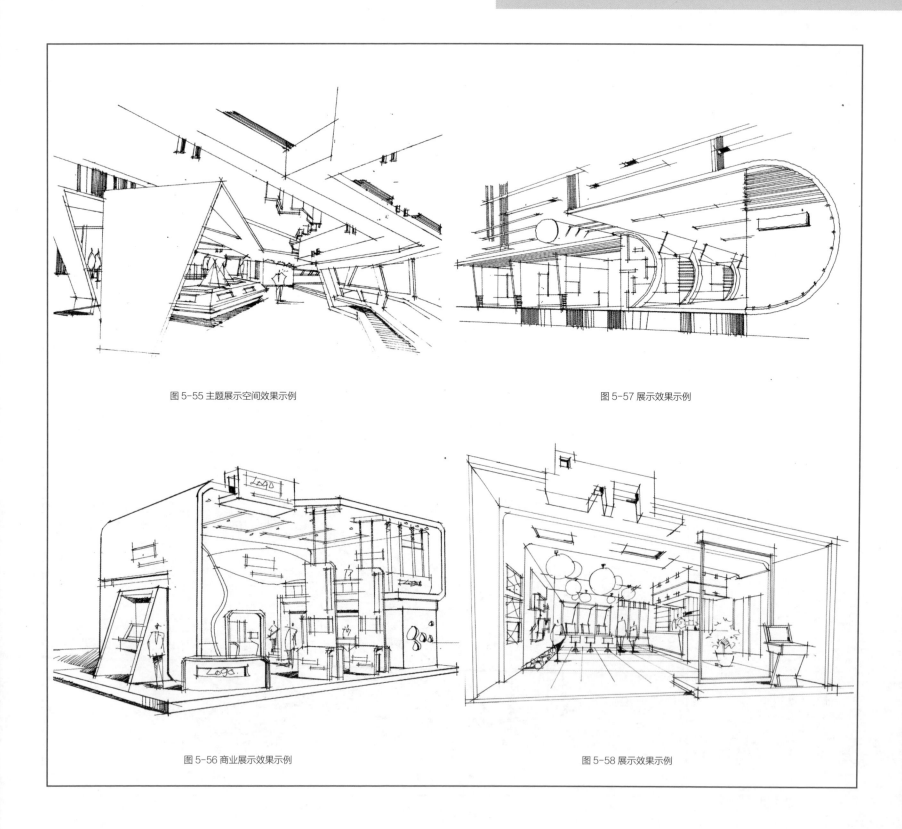

图 5-55 主题展示空间效果示例

图 5-57 展示效果示例

图 5-56 商业展示效果示例

图 5-58 展示效果示例

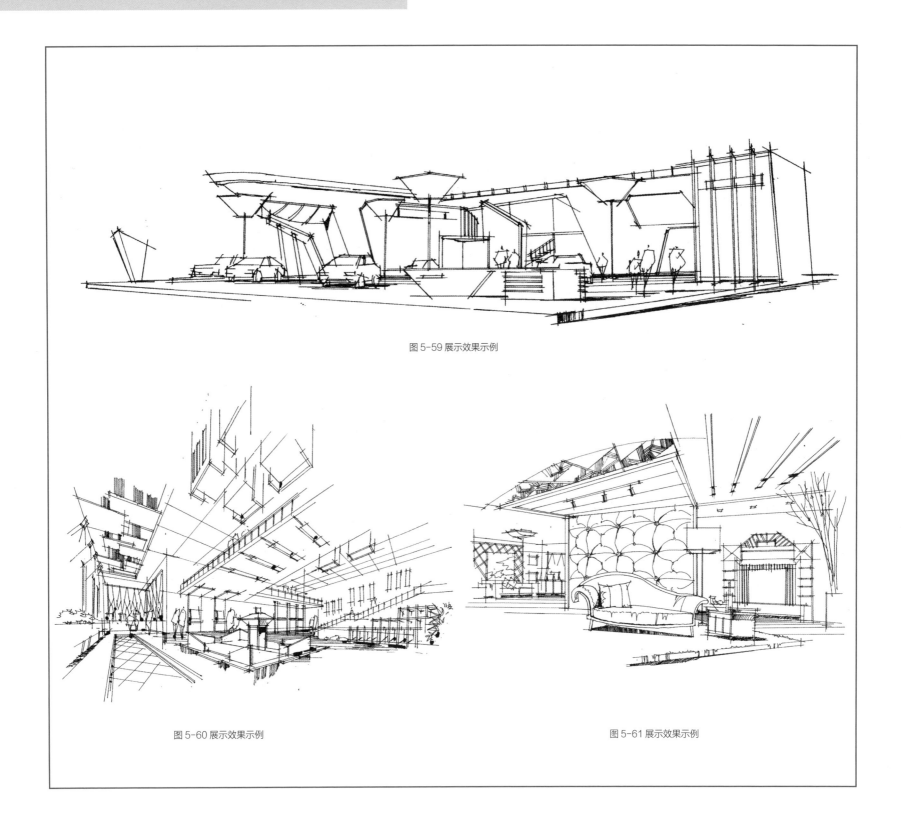

图 5-59 展示效果示例

图 5-60 展示效果示例

图 5-61 展示效果示例

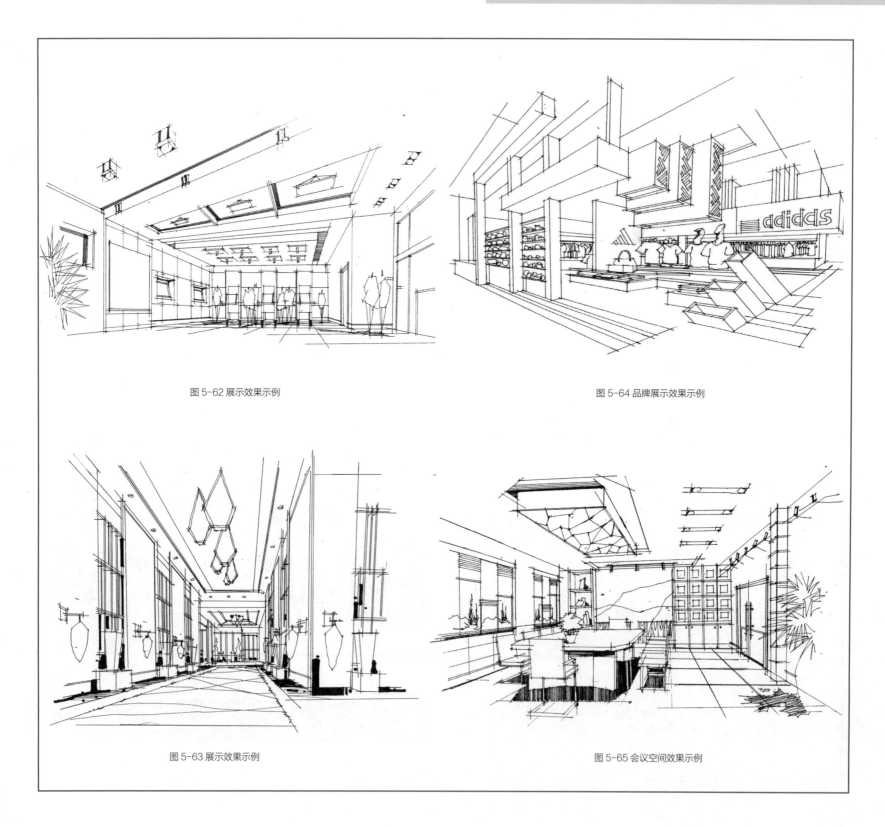

图 5-62 展示效果示例

图 5-64 品牌展示效果示例

图 5-63 展示效果示例

图 5-65 会议空间效果示例

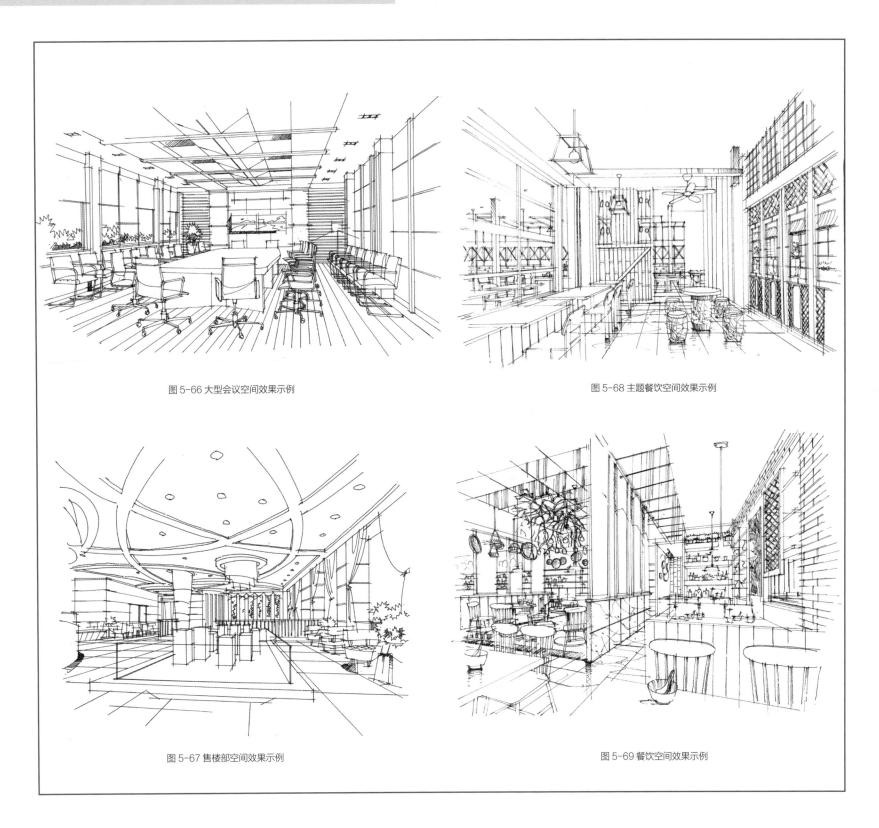

图 5-66 大型会议空间效果示例

图 5-68 主题餐饮空间效果示例

图 5-67 售楼部空间效果示例

图 5-69 餐饮空间效果示例

图 5-70 艺术餐厅空间效果示例

图 5-72 餐饮空间效果示例

图 5-71 餐饮空间效果示例

图 5-73 接待空间效果示例

5.5 室内线稿着色技法与赏析

着色表现的学习作为一项技能从学习方法上来说可以单项提高，不能简单地认为不断临摹就能做好。颜色搭配具有其内在的规律，根据颜色的理论指引着色能少走弯路。在学习之初，很多同学常常可能因为一支马克或一种颜色选错而遗憾，毕竟已经上了的颜色不可逆转。要想完整而且快速地掌握着色要领，就必须从学习本身的规律出发，分阶段有步骤地学习。

5.5.1 着色前的准备

从工具上来讲，以马克着色为主的效果图，建议初学者用普通复写纸，B4 和 A3 大小为宜。对于 A4 大小的线稿来说，受马克笔头限制，难以发挥出马克的最大优势。复写纸上色过程中应注意运笔的速度和力度。市面上售卖的马克笔分油性和水性两种。当前趋势为油性马克着色。常用配合马克着色的还有彩铅（非水溶性居多），高光笔（樱花），修正液（三菱）。

从上色理论知识上来讲，着色前需要分析光源并预想整体以及单体的明暗关系，基于明暗关系和阴影关系着色可以做到有的放矢，区分清楚各个面的转折，以确保最终素描关系的准确性。一般来说强化甚至夸大阴影关系有益于画面美感。

从学习方法上来说，临摹借鉴优秀的上色作品对于提高着色技巧确实有很大帮助，尤其是前期效果明显。等形成一定的色彩感觉并熟悉马克的特性以及颜色搭配后，就需要自己大胆的去探索不同的色调，运笔方法以及配色方案。这时候可以复印一些不错的线稿去尝试提高，逐渐形成自己的一套娴熟的表达技巧。

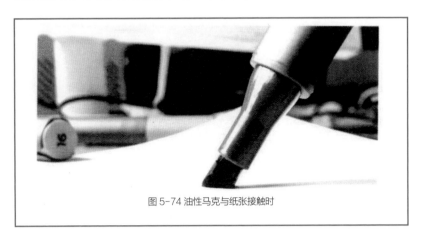

图 5-74 油性马克与纸张接触时

从心态上来讲，任何一项技能，如书法或音乐，都需要在掌握规律和方法技巧后持之以恒才能熟能生巧。训练时不宜过度，避免烦躁，适得其反。在练习的过程中和结束后都需要进行思考总结。初学者绘图过程中出错了可暂停分析一下，主要分析出错的原因和补救的办法，盲目重来或直接放弃都不利于提高。

5.5.2 马克笔运笔技法知识储备

马克笔头的特有构造，决定在运笔时应保持 45°的倾斜度，笔头能恰好贴合与纸张，画出来的线条饱满有序。

最常用的笔法由马克宽面全接触纸面，均匀用力，适当强调收笔，画出肯定、明确、均匀的笔触。由于马克颜色干透的时间短，因此运笔过程中停笔则会出现重色点；而笔纸贴合度不够则会出现不饱满的笔触；当然运笔力度及方向没有控制好的的话也会影响马克笔触效果。

由于马克运笔力度不同画出来的深浅有所不同，马克铺面应适当通过控制好力度表达颜色之间的明暗过渡。另外叠加前一定要思考清楚叠加的面积，希望做颜色渐变的时候每次叠加不能将之前颜色全部覆盖，应适当留一部分做一定笔触变化。

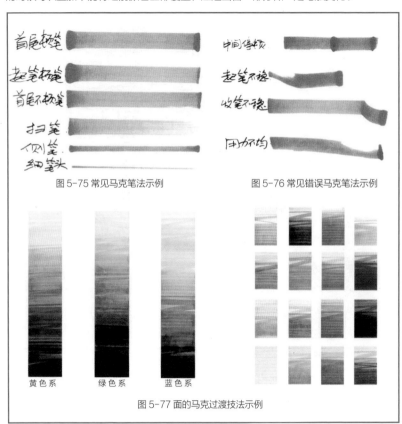

图 5-75 常见马克笔法示例　　　图 5-76 常见错误马克笔法示例

图 5-77 面的马克过渡技法示例

马克表达技法上有干画法、湿画法及干湿结合画法。干画法是每一步着色完全干透后再进行下一次叠加，表达出来的笔触明确、清晰、有力。

干画法经常用在表达一些光泽度比较高的材质，如木质、石材、大理石、以及地面铺装铺装、大面积墙体、玻璃、不锈钢等，用于表达干脆、用力、明快的色彩空间。

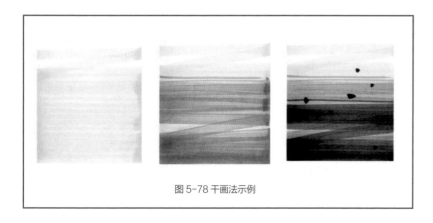

图 5-78 干画法示例

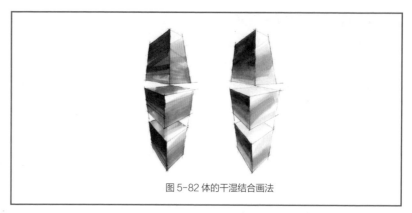

图 5-82 体的干湿结合画法

湿画法用于表达柔和的过渡效果，技法娴熟可以做出较好的渲染或退晕效果。具体做法是用浅色马克使用连笔的方式反复揉搓，使颜色有一定深浅效果后再用同类色在第一遍没有干的情况下，做一定的深浅过渡。

湿画法常见表达范围有大面积的植物、天空、水体、墙面等。

马克结合彩铅表达能绘制出细腻的渐变效果，调整画面时候还可以通过彩铅提高马克颜色的纯度。这两种工具的具体结合常见方法是先用彩铅对受光面和灰面进行基本的铺色，确定物象颜色基调；再用适当的马克对彩铅进行颜色叠加，完成亮灰面的浅色过渡；运用同类色的低明度马克进行再度叠加，并适当做出一定笔触关系，最后可以适当点上一些大小疏密不同的马克点，增加一些层次上的对比。

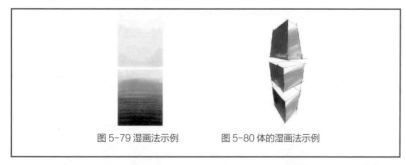

图 5-79 湿画法示例　　　图 5-80 体的湿画法示例

干湿结合是将之前的两种方式进行结合，能有效弥补干画法中可能出现的衔接不自然，也可在一定程度上避免湿画法过于平涂的特点。这种结合做法既能使色块有笔触，也能达到调子的和谐过渡。常见做法是先用湿画法表达出大关系后，等颜色干了后再叠加更深的颜色进行过渡处理。

图 5-83 马克与彩铅几何表达示例

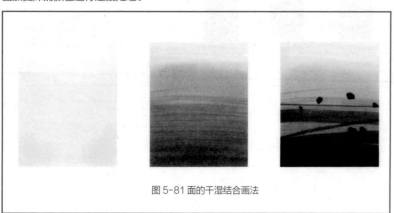

图 5-81 面的干湿结合画法

5.5.3 常用色彩对比理论认知

良好的色彩搭配能给人"和谐"和"雅致"的心理感受，而颜色组合离不开色彩关系和比率。

色彩关系包括明度关系、纯度关系、色相关系、冷暖关系和面积关系。和谐的色彩对比常为均衡对比或主次对比，主次对比中面积较大的一方面起主导作用。

高明度色调具有明快、轻盈、柔弱、单薄的特点，一些对采光要求高的空间常控制为高明度基调。中明度基调具有柔和、含蓄、沉着、优雅、色彩感强的特点，一般茶室、中式风格的空间可选择中明度基调。低明度基调具有厚重、昏暗、迟钝、色彩感不强的特点，有的咖啡厅和酒吧采用低明度基调。

画面配色一般控制低纯度的色彩占大面积，中纯度基调占小面积。大量使用纯色会显得过分刺目、生硬。

色相同类色对比具有柔和、单纯、平静的特点；类似色对比具有温和、平凡、沉着的特点；对比色对比具有绚丽、愉快、活跃的特点；互补色对比具有绚丽、强烈、刺激的特点。

图 5-84 低明度基调对比色对比效果

图 5-85 高明度基调类似色对比

图 5-86 中明度基调同类色对比

5.5.4 室内线稿着色赏析

室内效果图上色由于受马克出厂色彩种类和数量限制，在选用颜色是依据自发性的、主题性、写实性、设计性、美感性、表现性等。原则上会考虑物象的固有色、象征色、环境色、空间色、光源色中的其中一种或多种。

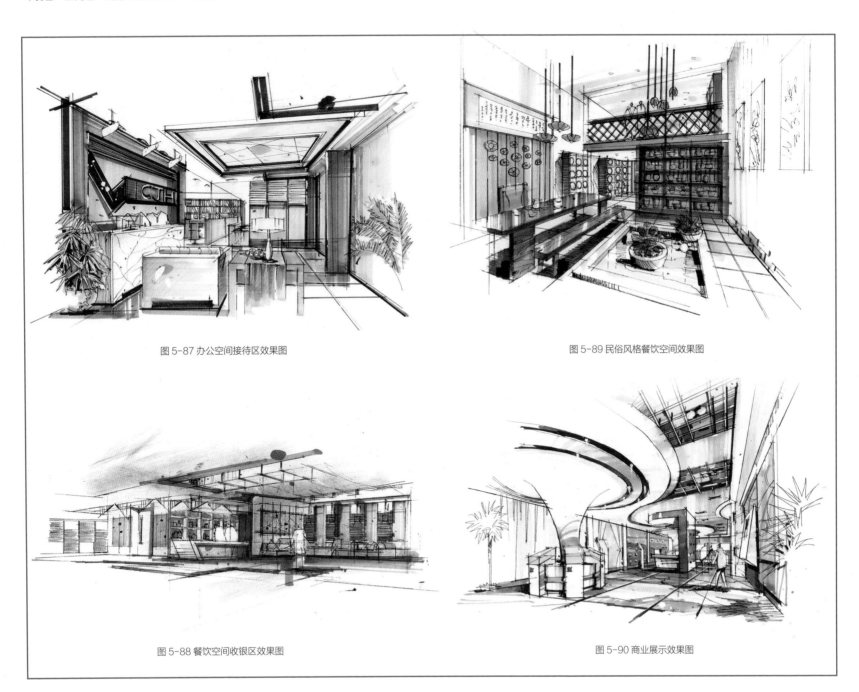

图 5-87 办公空间接待区效果图

图 5-89 民俗风格餐饮空间效果图

图 5-88 餐饮空间收银区效果图

图 5-90 商业展示效果图

图 5-91 办公空间接待厅效果图

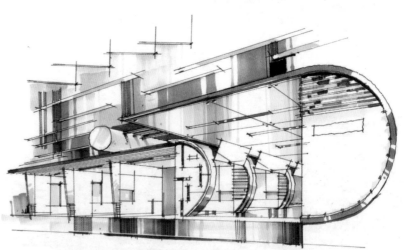

图 5-93 个性餐厅效果图示例

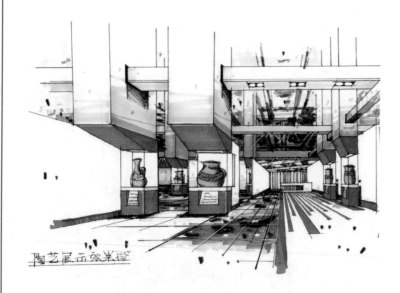

图 5-92 陶艺展示效果图

图 5-94 展示效果图

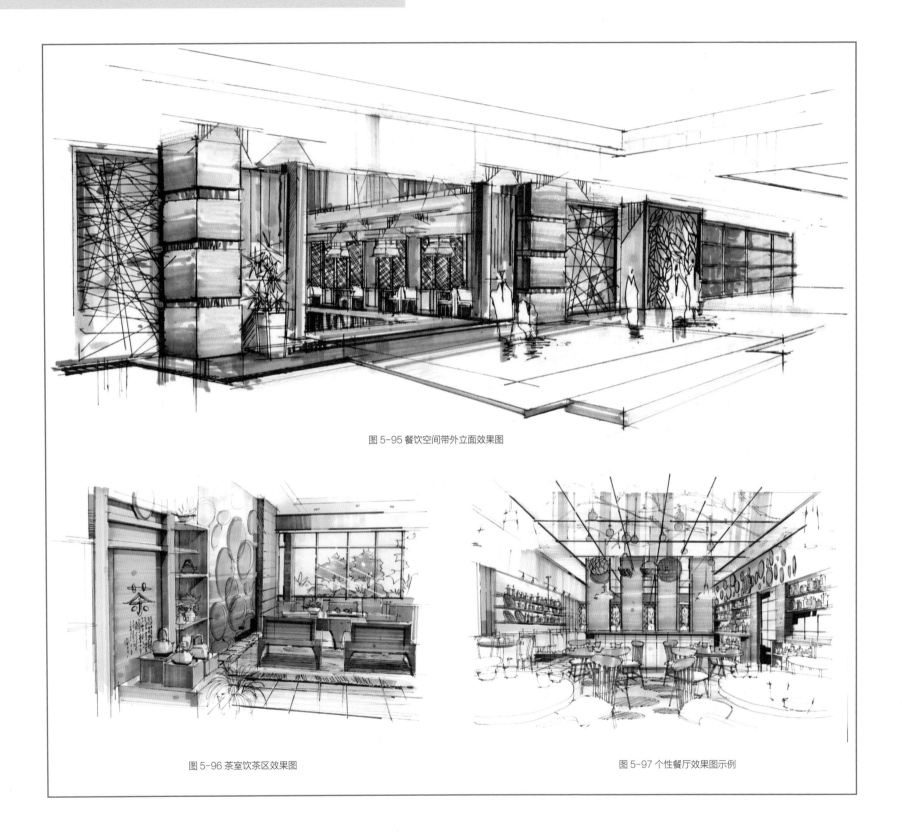

图 5-95 餐饮空间带外立面效果图

图 5-96 茶室饮茶区效果图

图 5-97 个性餐厅效果图示例

图 5-98 家居空间效果图

图 5-99 科技展示空间效果图

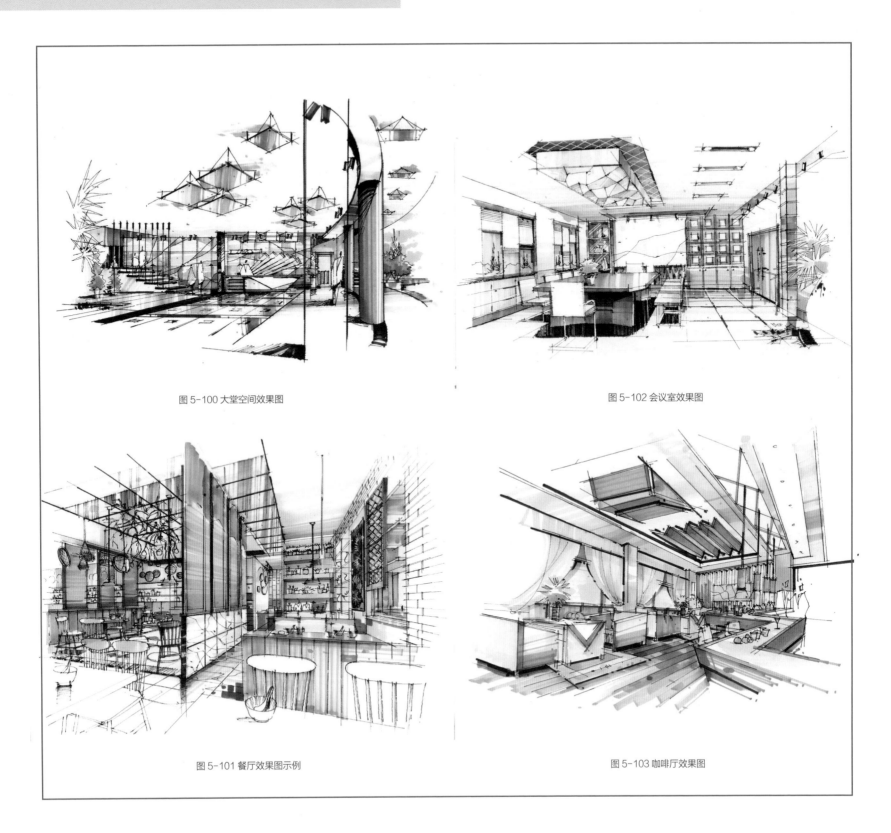

图 5-100 大堂空间效果图

图 5-102 会议室效果图

图 5-101 餐厅效果图示例

图 5-103 咖啡厅效果图

第六章 室内专业快速考试实例分析

6.1　室内专业快速考试实例分析

家居空间

6.1.1 家居空间部分规范及要点

家居空间一般由客厅、餐厅、主卧、次卧、书房、厨房、卫生间等主要部分组成，另外可包含健身房、娱乐房、衣帽间和储物房等房间。流线分析应有家务流线、家人流线和访客流线。家务流线应该流畅便捷，家人流线应尊重主人生活习惯，访客流线不应与家务和家人流线交叉。

1. 客厅的空间一般具有阅读、交谈、听音乐和看电视的功能，如果空间较大，可选择气派、舒适和豪华的家具，达到摆饰和展现自我品位的效果；如空间较小，则可寻求建立整洁、灵活的家具摆饰效果。家具的选择与空间的大小有直接关系。

2. 走廊的功能通常是由客厅通往洗手间、主人房、客房等的一个通道。那么首先要考虑这个功能性过道的宽度、比例和深度，接着考虑装饰性。大型过道在空间允许的位置可将玄关桌装饰成过道端景，也可在过道的壁面上悬挂装饰画，将家庭成员照片展示出来，使过道变得温馨。

3. 主卧室的地面应具备保暖性，一般宜采用中性或暖色调，材料由木地板、地毯等。吊顶的形状、色彩是卧室装饰设计的重点之一，一般以简洁、淡雅、温馨的暖色系列为好。色彩应统一、和谐、淡雅为宜，对局部的原色搭配应慎重，稳重的色调较受欢迎，如绿色系活泼而富有朝气，粉红色系欢快柔美，蓝色系清凉浪漫，灰调或茶色系灵透雅致，黄色系热情中充满温馨气氛。卧室的灯光照明以温馨暖和的黄色为基调，床头上方可嵌筒灯或壁灯，也可在装饰柜中嵌筒灯，使室内更具浪漫舒适的温情。卧室不宜太大，空间面积一般 15~20 ㎡就足够了，必备的使用家具有床、床头柜、更衣橱、低柜（电视柜）、梳妆台。如卧室里有卫浴室的，就可以把梳妆区域安排在卫浴室里。卧室的窗帘一般应设计成一纱一帘，使室内环境更富有情调。

4. 次卧室一般用做儿童房、青年房、老人房或客房。不同的居住者对于卧室的使用功能有着不同的设计要求。

儿童卧室具有特殊的功能要求，卧室在装饰风格上既要体现儿童的心理、视觉需求，又要满足儿童休憩的需求。颜色搭配方面采用了较为鲜艳的颜色，符合儿童活泼好动的天性。

儿童房一般由睡眠区、储物区和娱乐区组成，对于学龄期儿童还应设计学习区，儿童房的地面一般采用木地板或耐磨的复合地板，也可铺上柔软的地毯；墙面最好设计软包以免碰磕，还可采用儿童墙纸或墙布以体现童趣。对于家具的处理应尽量设计圆角，家具用料可选用色彩鲜艳的防火板，如空间有限可设计功能齐全的组合家具。儿童房的睡眠区可设计成日本式、榻榻米加席梦思床垫，既安全又舒适。玩耍的地方是生活中不可或缺的部分，使他们能在嬉戏中学习。所以墙壁及地板的用料必须牢固和易于清洗。

地面的设计是另一个重点，地毯是一项上佳选择，孩子总爱在地上打滚，地板柔软度不够容易损害皮肤及骨骼。儿童房内普遍使用的，还有具有弹性的橡胶地面。

青年房除了上述功能区外还要考虑梳妆区。如果没有书房的话，在次卧室的设计中就要考虑书房、电脑桌等组成学习区。青年房要体现宁静的书卷气。

老人房则主要满足睡眠和储物功能，老人房的设计应以实用为主。

5. 书房是方便读书、学习和工作的场所，可根据主人的需要配置书柜和办公家具等。

6. 厨房是我们的重要生活空间，人们在此准备菜肴，进行食品的清洗和烹饪，会花费很多的时间在这里，这意味着需要多方面考虑它的装饰性和功能性。理想的厨房必须适合我们的需要，设计在很大程度上取决于可用空间。如果空间允许，可以有一个中岛操作区，使备餐工作更为方便。最常用的电器和水槽，应为其提供标准高度的台面。厨具的考虑会因为主人的生活习惯和特殊要求产生变化，但应具有易于清洁、安全、安静、快速和节能等基本功能。

6.1.2 家居空间快题解析

作品点评

该方案平面布局受建筑结构影响，客厅布置可算为难点之一，目前客厅内流线不够通畅便捷；餐厅面积局促也是该方案暴露出的一个主要问题；客卫作为访客流线的一部分，从与客厅的距离上来说应继续优化。书房空间中书柜尺度过大，同时书柜功能与办公功能的联系性不够紧密。

玄关以及过道末端采用装饰柜造景方式值得认可，客厅沙发背后角落的柜子功能不明显且影响到交通。

立面颜色及造型较好契合了主题风格，如果从立面设计深度及细节继续挖掘，可为快题增色。效果图表达技法较为娴熟，主题突出，从各方面均能体现设计者具有较好的表达功底。图面排版布局完整，颜色协调统一。有较多方面值得初学者学习。

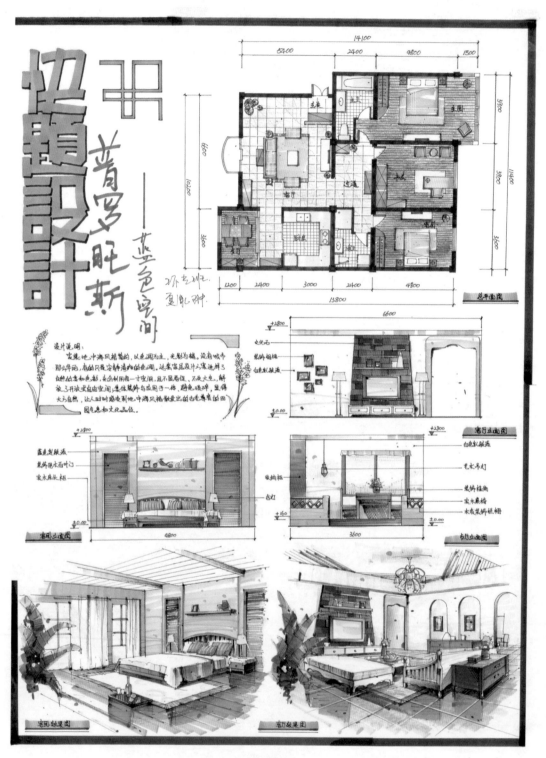

图 6-1 家居空间快题

6.2 室内专业快速考试实例分析

办公空间

6.2.1 办公空间部分规范及要点

完整的办公类空间一般由进厅、员工办公室、管理者办公室和会议室等主要部分组成，另外包含资料室、档案室、储藏室、会客室等辅助房间和卫生间、更衣室、茶水供应室等服务房间。流线上可分为三大类：人流、物流、信息流。人流又可细分为员工流、客户流、物流；物流有材料进出、垃圾运输；信息流主要是员工之间以及管理者与员工之间的信息传输系统；考虑流线时应分清主次。

办公空间整体设计时应注重营造办公空间的秩序感，如家具样式与色彩的统一、平面布置的规整性、隔断高低尺寸与色彩材料的统一、天花的平整性与墙面不带花哨的装饰、合理的室内色调及人流的导向等。

1. 进厅（接待室、收发室等）：进厅是带给客户对企业第一印象的场所，一定程度上体现整个办公空间的设计风格。进厅一般有接待、收发等服务性功能，设计时需

要对企业形象有准确的定位，并清晰地将企业文化内涵表现出来。

2. 办公空间的布局应着重考虑其工作的性质、特点及各工种之间的内在联系。应了解工作的流程特性，并根据作业流程确定布局，避免整个工作的进展交叉移动。分区宜设计成单间式办公室、开放式办公室或半开放式办公室，特殊需要可设计成单元式办公室、公寓式办公室或酒店式办公室。单元式员工办公室的设计可将工作单元与办公人员有机结合，形成个人办公的工作站形式，并可设置一些低的隔断，使个人办公具有私密性，在人站立起来时又不障碍视线；还可以在办公单元之间设置一些必要的休息和会谈空间，供员工之间相互交流。服务性空间（如茶水间、文印室等）的分布要顾全整体，能为整个办公系统提供快捷方便的服务。利用空出的角落营造一些非正式的公共空间，可以让员工自然地互相交流，在轻松的氛围中讨论工作。

3. 管理者办公室就是主管人员的独用办公室，与一般员工办公室不同的是管理者办公室的设计与管理人员的级别地位有直接联系，可根据工作地位、访问者人数等确定面积与设计风格。一般来说，主管人员办公室，面积最小不得小于 10 ㎡，有时需要配置秘书、专用会议室、卫生间、会客间和休息室等。文秘室应靠近被服务部门，应设打字、复印、电传等服务性空间。

4. 会议室：会议室是用来议事、协商的空间，它可以为管理者安排工作和员工讨论工作提供场所，有时还可以承担培训和会客的功能。会议室内一般配置多媒体设备和会议桌椅，须根据人数的多少、会议的形式、会议的级别等因素来确定座位布置形式。

5. 财务室：财务室是用于管理公司账目收入支出等的空间，一般多设置成封闭的形式，空间独立，保密性强，不受外界干扰。

6. 休息室：休息室是供员工休息、交流、冥想之用，空间形式多样可封闭可开敞，根据办公性质的不同而定。

7. 卫生间（厕所）：卫生间是办公建筑内部的重要生活空间。应力求清洁、明亮、方便、舒适。卫生间距离最远的工作点不应大于 50m，应设前室，前室内宜设置洗手盆。

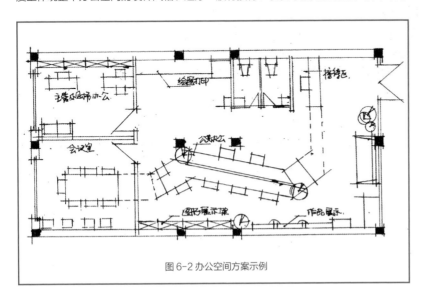

图 6-2 办公空间方案示例

6.2.2 办公空间快题解析

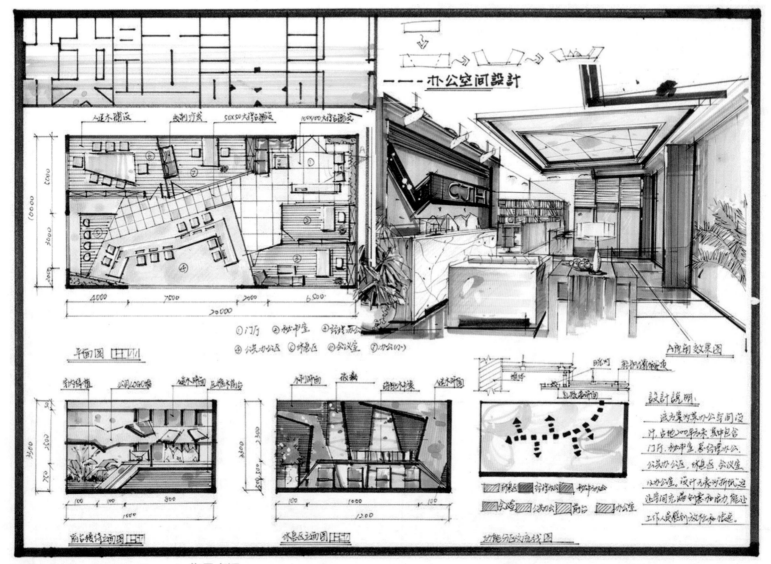

图 6-3 办公空间快题示例 1

作品点评

　　该方案以折线分割空间，总体方案主次分明、流线清晰，局部细节处理欠缺。经理办公及秘书室前方交通空间面积过大，可局部重新规划，将部分浪费的交通空间纳入室内空间，同时处理好秘书室与经理办公的关系。卫生间作为办公空间的必备功能未能考虑周全。

　　开敞办公区办公形式与整体协调，办公方式也有一定想法，值得借鉴。若从内部交通角度考虑，可将异形办公桌分割成两个办公桌，中间的过道成为内部工作通道。过道末端休息区形式处理过于草率，家具陈设也影响到休息的舒适性；同时休息区位置可能影响到开敞办公功能。

　　会议室中会议桌造型及比例不太恰当，比例尺度需考虑交通的合理性，造型上如果需要结合整体折线形式，也可考虑长五边形。

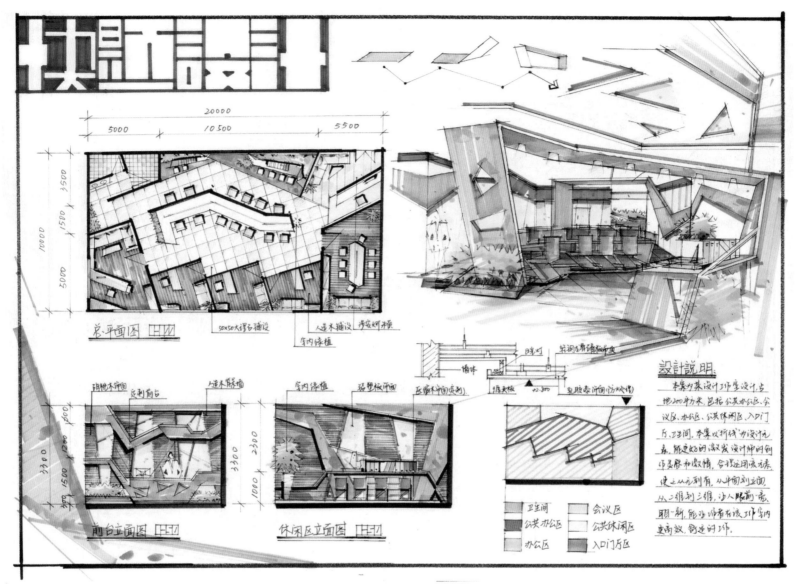

图 6-4 办公空间快题示例 2

作品点评

建筑开间10m，不建议形成交通回路，目前为满足中心岛状办公的可行性，周边其他功能空间不得不进行退让牺牲，整体来说得不偿失。入口空间交通局促也是本方案的缺点。

空间及立面造型感强是本方案的亮点，另单元空间的序列感较好。

整体图面表达较好，排版完整。效果图空间造型感强，上色笔法简练，空间充分。

6.3 室内专业快速考试实例分析

餐饮空间

6.3.1 餐饮空间部分规范及要点

现代餐饮空间一般由接待收银、用餐空间、活动区、后勤空间另外可包含候餐区和储物房等房间。流线分析应有客人流线、服务流线和物品流线。原则上客人流线和服务流线互不交叉、客人流线简洁清晰、服务流线和物品流线便捷高效。

本节以咖啡厅为例介绍一下这类餐饮空间需要注意的地方。

1. 防止人流进入咖啡店后拥挤。

2. 吧台应设置在显眼处，以便顾客咨询。

3. 咖啡店内布置要体现了一种独特的与咖啡适应的气氛。

4. 咖啡店中应尽量设置一个舒适的休息区。

5. 充分利用各种色彩。墙壁、天花板、灯、陈列咖啡和饮料组成了咖啡店内部环境。不同的色彩对人的心理刺激不一样。以紫色为基调，布置显得华丽、高贵；以黄色为基调，布置显得柔和；以蓝为基调，布置显得不可捉摸；以深色为基调，布置显得大方、整洁；以白色为基调，布置显得毫无生气；以红色为基调，布置显得热烈。色彩运用不是单一的，而是综合的。不同时期、不同季节、不同节假日，色彩运用不一样；冬天与夏天也不一样。不同的人，对色彩的反映也不一样。儿童对红、桔黄、蓝绿反应强烈；年轻女性对流行色的反应敏锐。从这个角度来说软装、配色及灯光的运用尤其重要。

6. 咖啡店内最好在光线较暗或微弱处设置一面镜子。这样做好处在于，镜子可以反射灯光，使咖啡更显亮、更醒目、更具有光泽。有的咖啡店用整面墙作镜子，除了上述好处外，还给人一种空间增大了的假象。

7. 收银台设置在吧台两侧且应高于吧台。室外装饰是指咖啡店门前和周围的一切装饰形式。如广告牌、霓红灯、灯箱、电子闪示广告、光纤广告、招贴画、传单广告、活人广告、招牌、门牌装饰、橱窗布置等等，均属室外装饰范围。

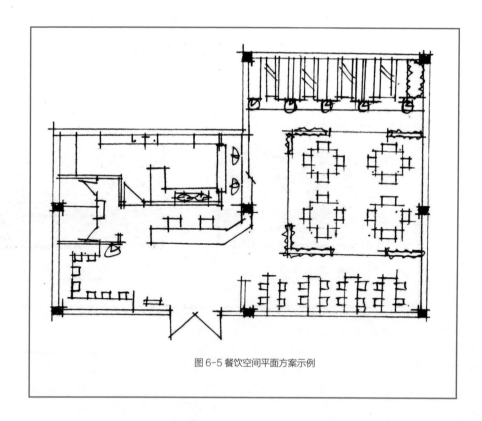

图6-5 餐饮空间平面方案示例

6.3.2 餐饮空间快题解析

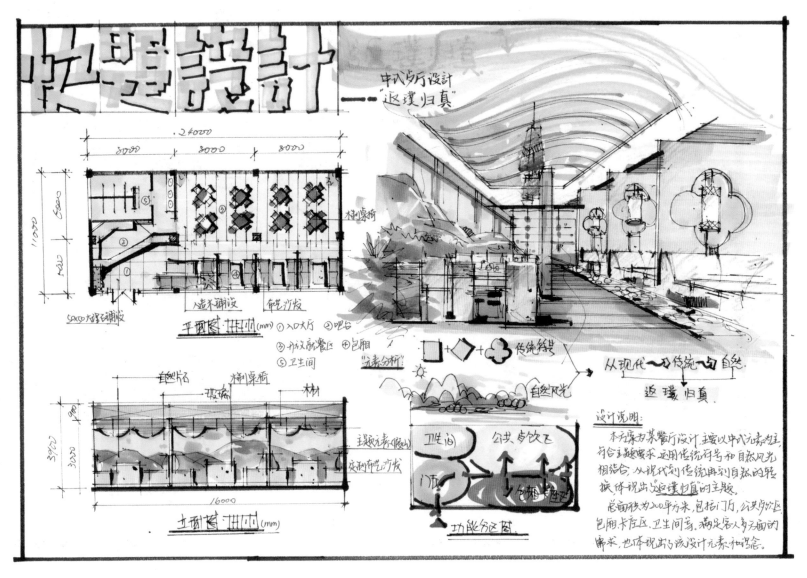

图 6-6 餐饮空间快题示例 1

作品点评

　　该方案分区清晰，空间利用充分。作为餐饮空间来说，操作间缺漏是本案一大问题。公装空间至少分内部流线和顾客流线，一般来说中餐快餐空间中的内部操作空间需要考虑本身的操作功能，储存功能，也应合理规划菜品如何到餐桌，尽量保证交通的便捷性。

　　整体图面着色简洁清晰，采用简练的技法展示了设计者清晰的设计思路。

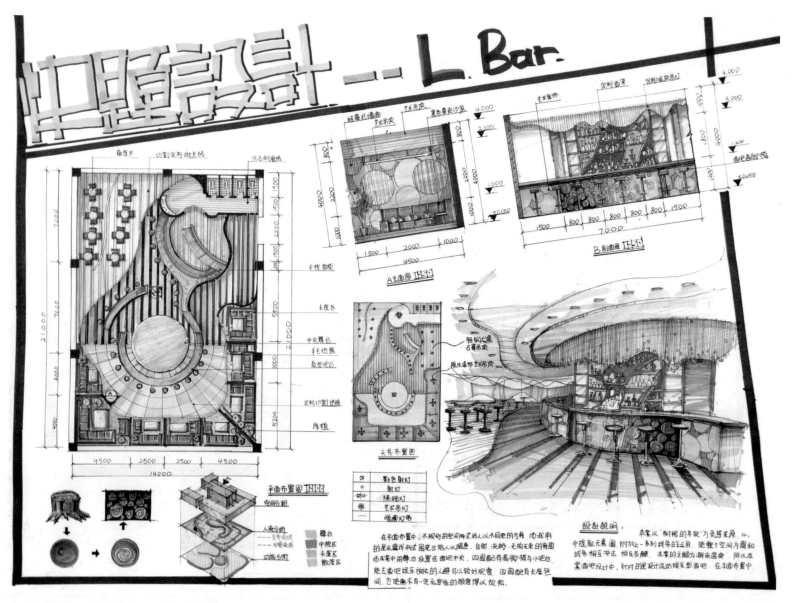

图6-7 餐饮空间快题示例2

作品点评

　　本案形式感强，如果能将功能与形式结合的更紧密，能整体增色不少。大舞台居中目前利用率不高；将大舞台居中会导致舞者没有背景，跳舞朝向不明确。从功能上来说，收银、寄存、更衣准备间为必要功能区。流线上当顾客进入空间后应迅速分流，减少交叉，路线明确。功能上应考虑吧台调酒区与果盘制作区的服务半径；可分设小型唱台亲近顾客，在不影响功能的前提下内部通道及陈设品尺度可适当缩小，拉近人与人之间的距离。

　　从空间营造角度来看，平面卡座转角处理欠缺，入口空间除流线引导明确外，功能欠缺，内部工作人员吧台区略显草率。

　　方案表达方面整体较好，内容充足，色调统一，效果图空间氛围较好。

6.4 | 室内专业快速考试实例分析

售楼部空间

6.4.1 售楼部空间部分规范及要点

完整的售楼部空间一般由接待区、展示区、洽谈区、办公区等主要部分组成，另外可包含贵宾接待室、财务室、卫生间、茶水供应室等空间。流线分析应有两条流线，一是顾客流线，包括参展、洽谈、签约；二是内部职员活动流线。

售楼部可以起到一个承前启后的作用，是楼盘形象的引导，衔接看房通道与样板房。在此空间整合营销，向客户展示项目的优越性和公司的亮点。

1. 接待区一般与入口有直接关联，是营销人员的接待来宾区域。引导顾客参观、休息或办理其他业务。

2. 展示功能在所有功能区中起核心作用，很多功能空间都与之有依附依托关系。此功能区可发挥的空间也很大，展示的内容与方式也多种多样，可考虑广告展示、企业文化展示、沙盘展示、便携式多媒体展示（与洽谈区并存）等。其中沙盘展示又可细分为整体楼盘展示与局部各类户型展示。

3. 洽谈区可分普通洽谈、深度洽谈和贵宾洽谈，普通洽谈与沙盘展示靠近，便于客户对场地和户型基本认知；深度洽谈需要相对独立设置专门区域，贵宾洽谈安排在主管办公室或贵宾洽谈室进行。

4. 办公区需要满足营销、客服和后勤功能。分为普通员工办公和主管经理办公室。普通营销人员办公区与顾客来向或前台有直接对应关系，其流线与顾客流线相交后宜重叠并行。

5. 卫生间一般设男女卫生间，设置洗面台和拖把池，方便卫生使用。

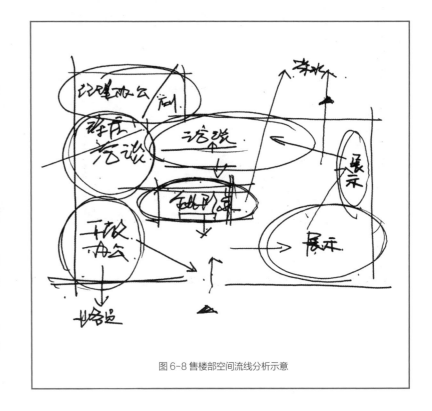

图6-8 售楼部空间流线分析示意

6.4.2 售楼部空间快题解析

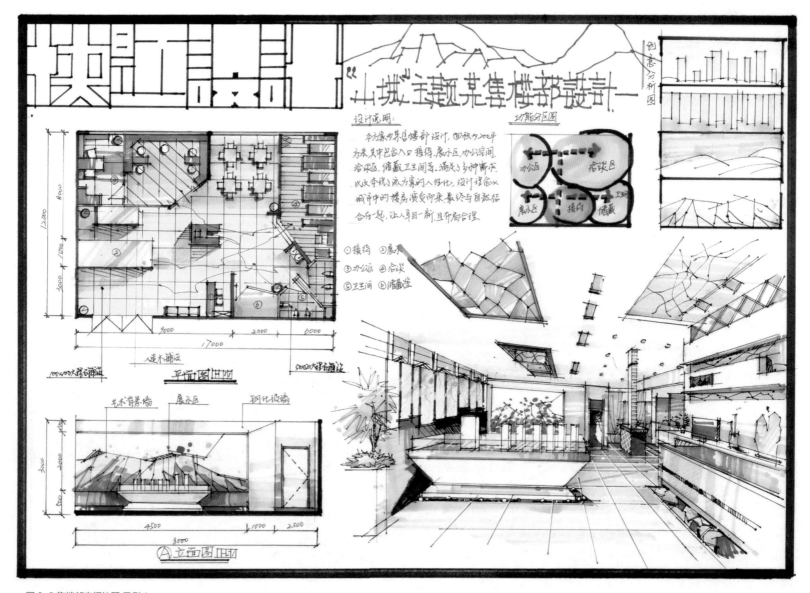

图 6-9 售楼部空间快题 示例 1

作品点评

　　该方案分区明确，空间丰富，细节耐人寻味。缺点是交通面积稍大，售楼员工办公区与入口距离稍远。将楼盘展示置于入口，空间一目了然，引导性强。巧妙的将柱子与展示结合也是本案的特点之一。图面排版充分，表达技法娴熟。

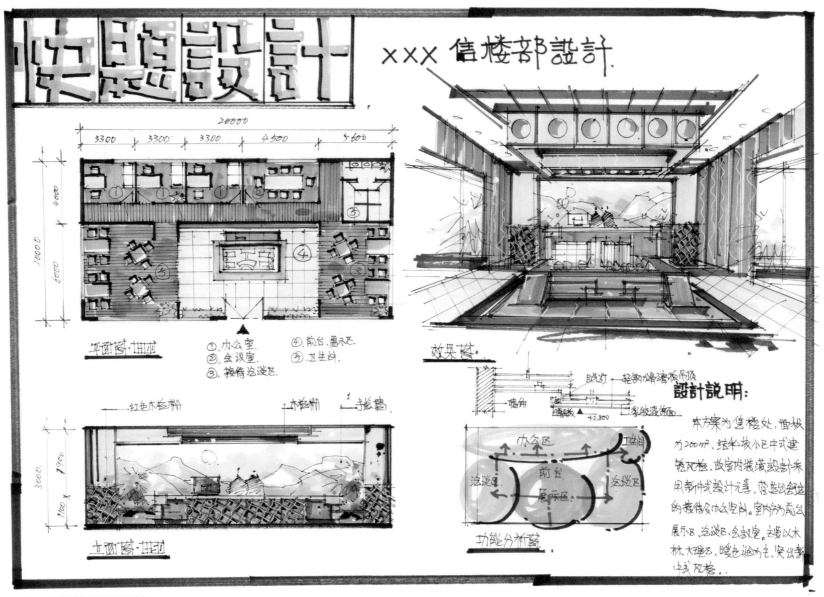

图 6-10 售楼部空间快题 示例 2

作品点评

本案分区明确，主次分明，基本功能均可得以保证。可考虑将员工办公区独立起来并与入口产生一定关系，楼盘展示与企业文化展示位置关系可行，间距尺寸不够。一般来说，前台处理综合业务，应保证前台前方较大交通空间。

从图面表达来说，总平各部分关系清晰明确，立面简约大气，效果图颜色明快统一，分析图简练概括。如果能在效果图细节表达上稍加雕琢，整体将更加出彩。总体快速表达来说，可算一幅优秀的快题设计。

6.5 室内专业快速考试实例分析

服装店空间

6.5.1 服装店空间部分规范及要点

服装店主要有导入空间、销售空间和店内辅助空间三个部分。导入空间包括：卖场店头、橱窗、POP立体展板等。销售空间包括：服装展示空间、服务空间（收银台、服务台、流水台等）、顾客空间（休息区、试衣间）。店内辅助空间：仓库和导购换衣间。流线主要有顾客流线、服务人员工作流线等，主要以顾客流线为主，常见有直截了当和曲折迂回两种方式。直截了当的流线宜形成便捷的顾客引导；曲折迂回的流线能延长顾客选购的时间，以便增加成交机会。整体风格定位可分为豪华气派、朴素自然、动感超前几种类型。

服装店在设计时各功能空间相互独立又有流线上的前后关系。

1. 导购空间是导购接待顾客作业、开票时所使用的地方空间。从位置的角度讲，应该方便对顾客提供导购服务，并且不造成心理压力。从空间利用的角度讲，应该尽量节省空间，以保证商品陈列空间有更大的面积。

2. 收银台是店员空间的一部分，其位置除了要适当突出、方便顾客结账外，还要与卖场整体和谐。

3. 顾客空间是一个服装销售空间中除了商品展示空间后的空间，要以方便、通畅，能够充分接触商品为基本要求，其设计与卖场的类型、定位、风格、位置、面积、销售产品的档次等因素有关。一般情况下，服装产品的档次越高，顾客空间越大；正装卖场的顾客空间较大；休闲装卖场的顾客空间较小。顾客空间与通道规划密切相关。顾客空间中购物路径的设置要合理，因为顾客只有在充分了解商品的前提下，才会购买商品，所以购物路径不在于宽敞和形式多样，而在于合理、自然、安全、有效、轻松和方便，使顾客能够充分地、自由地参观及选购展示的商品。回游形，即S形的购物路径，能使顾客在购物时不疲劳，并增加销售机会。

4. 试衣间是顾客空间的组成部分，应该选择相对隐蔽的位置，并且大小适当，具有良好的私密性。整体面积紧凑时试衣空间也应较小可位于角落，采用拉帘式以减少空间。试衣间位置一般根据顾客流线设置于收银附近，也有较大面积店面为方便顾客选购将试衣间以岛状形式处于展示空间中，此时应注意私密性的保证以及交通的连通性。

5. 橱窗设计应展现了品牌的风采，融入创意、造型、色彩、材料、灯光等多种因素，具有人文气息，从而吸引更多的消费者。

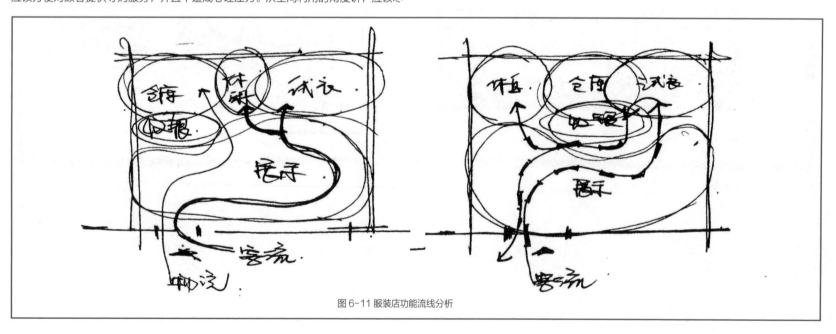

图6-11 服装店功能流线分析

6.5.2 服装店空间快题解析

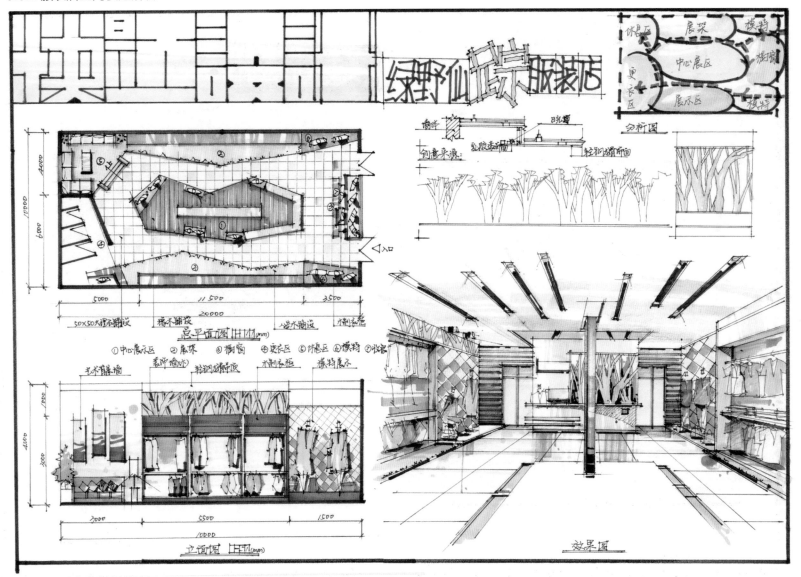

图 6-12 服装店空间快题示例 1

作品点评

本案分区明确，流线清晰。采用回形交通，极大程度的服务了展示功能。空间形式感强，折形方式引导性明确，同时使购物过程不再单一乏味。整体陈设布局轻松，极大程度预留了顾客空间，增加了顾客选购的舒适度。中岛式展示利用陈设从交通上引导顾客，增加了顾客停留时间；又结合模特更直观的将服装展示给顾客，符合商业空间的商业利益优先原则。试衣区与休息区关联不大，可考

虑将试衣区入口靠近休息区，顾客试衣后可直观展示给同行的人，而后促成交易，也最大化的利用了各空间。

表达上完整而具有一定深度，效果图空间感强，设计感较好。如排版时预留文字说明，色彩对比更加强烈将为整体增色不少。

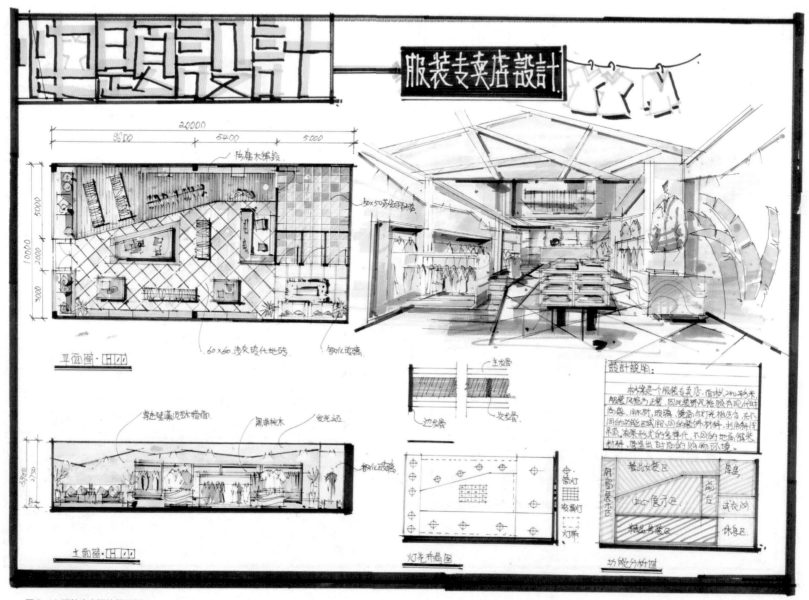

图6-13 服装店空间快题示例2

作品点评

　　本案分区合理，陈设方式多样化。展示区陈设略显凌乱，顾客流线混杂，仓库属于内部空间，应与收银衔接更紧密，避免顾客流线到达，仓库面积稍大，目前试衣间因面积小舒适度随之降低，试衣区与休息区关系较好，表达上应明确试衣镜的位置并预留较为开敞的空间。折线方式将服装展示区分隔，从最终效果来看，处理的略显粗糙。

　　整体表达轻松明快，从一定程度反映绘图者的快速表达功底较好。效果图空间感不足，细节刻画可继续下功夫，整体设计感较好。

6.6 **室内专业快速考试实例分析**

书吧接待空间

6.6.1 书吧空间部分规范及要点

　　书吧空间作为一种新兴的读书场所，一般包括书籍陈列空间、阅读空间、餐饮空间和休闲空间等。从盈利的角度上来说，书吧可通过收费方式举办英语角、读书沙龙、新年诗会、师生钢琴晚会等；因此在平面布置的时候应当灵活可变，氛围烘托上又具有特色。

　　1. 接待区应营造一种舒适、朴实的书香气息。

　　2. 陈列空间可用小标牌划分空间，方便整理与查阅。空间充分也可设一定阅读区，方便寻书时的临时阅读。

　　3. 阅读空间可分临时阅读区、集中阅读区、高级会员独立阅读区等；布置的时候可用折线或曲线的方式打破呆板的课桌式阅读；座椅高低设置上也可不同；使阅读区兼具多样化和趣味性。阅读空间与陈列空间在流线上有直接关联，局部空间可将这两种功能进行结合形成趣味的阅读空间。临时阅读区因其功能可在形式上下功夫，形成造型感强的空间。

　　4. 餐饮空间和休闲空间作为次要功能服务于整体，应把握好与整体的关系。从顾客流线及空间主次上来分析位置，从主次功能来合理分配面积。

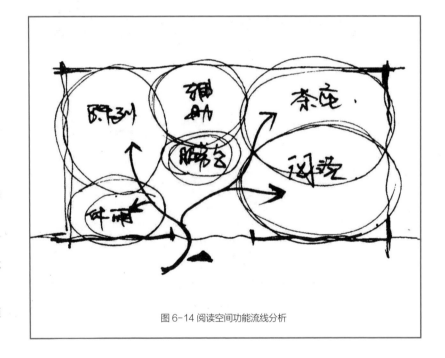

图 6-14 阅读空间功能流线分析

6.6.2 书吧空间快题解析

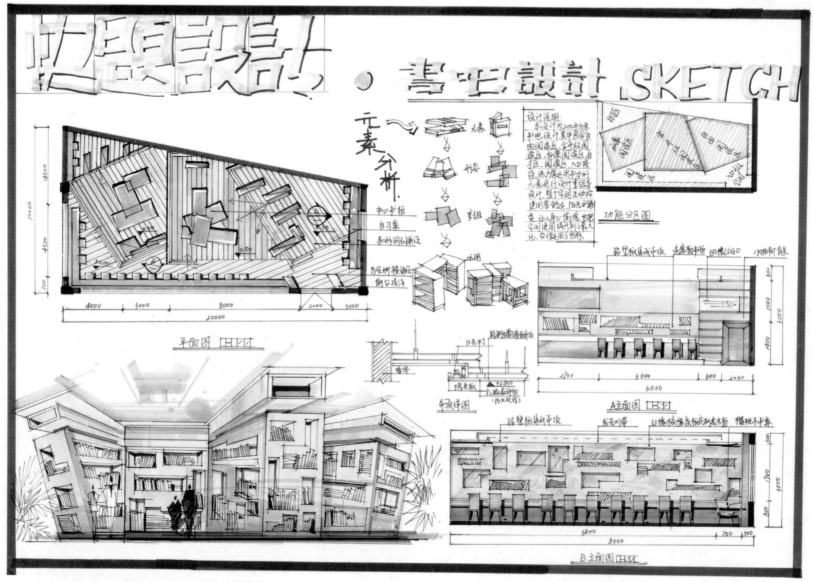

图 6-15 书吧空间快题示例 1

作品点评

该案形式感极强，从平面排布，高低空间，单体造型上都有独特的想法，彰显出一定的造型能力。从功能上来说阅读区的舒适度稍低，入口接待功能容易形成交通拥堵。室内来说，设计地台空间时，一个踏步宜为高200mm，深300mm，务必引导好顾客流线，处理好交通空间；思考每一处高低边界的处理。从这一快题来说，此部分较为薄弱。

整体图面表达突出，色调统一，效果图极具张力，排版完整，内容丰富。

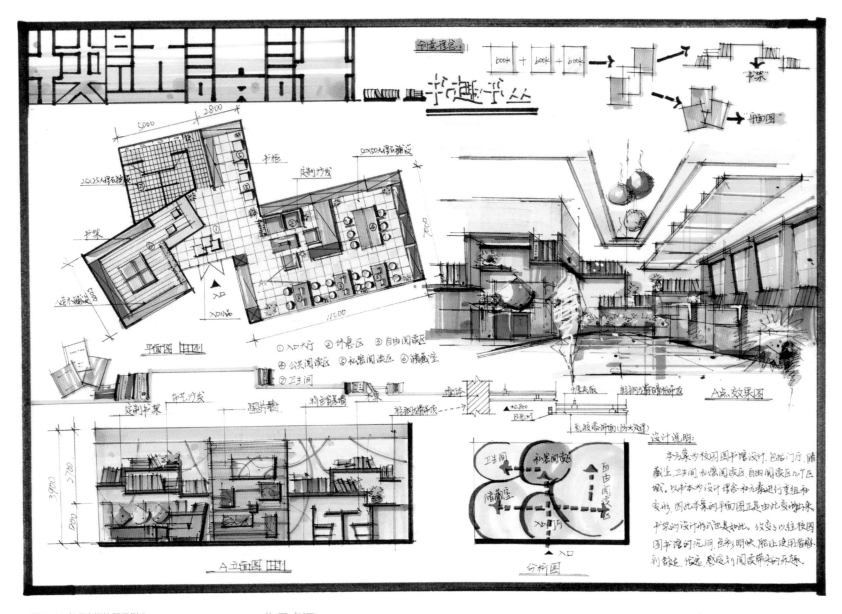

图 6-16 书吧空间快题示例 2

作品点评

本案流线清晰，功能明确。从空间尺度上来说入口小品显得多余且影响空间功能。在大堂或其他商业空间门厅面积较大时，通过入口小品可增加空间的趣味，同时彰显企业或服务或产品品位，也可起到人流分流作用。此空间入口尺度较小，因此不适合做入口小品。用休息空间将阅读区分隔，从功能上可能影响到阅读区的宁静。

方案表达上用色大胆，关系明确，图面完整，总体上来讲是一幅优秀的快速表达作品。

室内专业快速考试实例分析

大堂接待空间

6.7.1 大堂接待空间部分规范及要点

大堂是酒店装修空间的重点部位，常与入口门厅相连，有的大堂与中庭相结合，共同形成酒店的景观中心。大堂主要由总服务台、大堂经理、行李寄存、休息区、咖啡厅或饮料服务等几部分组成。大型的酒店还设有超市、银行、商务中心、花店、书店、美容、健身等。门厅和大堂必须合理组织各种人流路线，缩短主要人流路线，避免人流互相交叉和干扰。

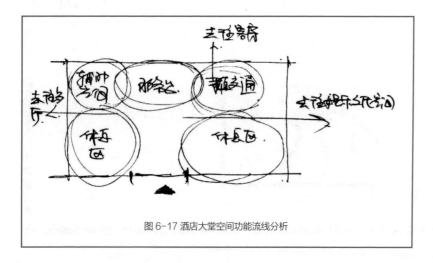

图 6-17 酒店大堂空间功能流线分析

大堂的功能是综合性的，主要可分为以下几个区域：

1. 入口门厅区。是通向大堂的过渡性空间，主要是迎送客人进入酒店并接送客人的行李。

2. 总服务台。一般设在大堂较醒目的位置，离入口门厅处较近，并与办公室相连，既方便旅客，又便于管理。总服务台的主要业务为：预订客房、登记住宿、房卡管理、咨询、出纳结账。涉外饭店一般设置显示世界各主要地区时间的钟表。根据《酒店建筑设计规范》，总服务台的长度一般按每间房间 0.03 ~ 0.04 m 参考设置。

3. 大堂休息区。作为客人登记、结账、接待、等候休息之用，常选择偏离主要人流路线、相对安静、视线开阔、环境良好的位置。其面积的可控性决定它能平衡整体的重心。

4. 大堂咖啡厅、饮料服务。大型酒店的咖啡厅往往在大堂划分出较大单独区域，不对总服务台形成干扰，设有钢琴台和小型轻音乐演奏，通过装饰、灯光照明设计营造出较强的艺术气氛，给住宿的客人提供一个晚间娱乐消遣的场所，成为酒店的收益区域。较小的酒店常常将饮料服务与休息区结合布置。

5. 商务中心。给住店客人提供商务服务、传真、复印、订机票等。

6. 大堂经理。位置通常在大堂入口的两侧明显位置，以便于服务和管理。

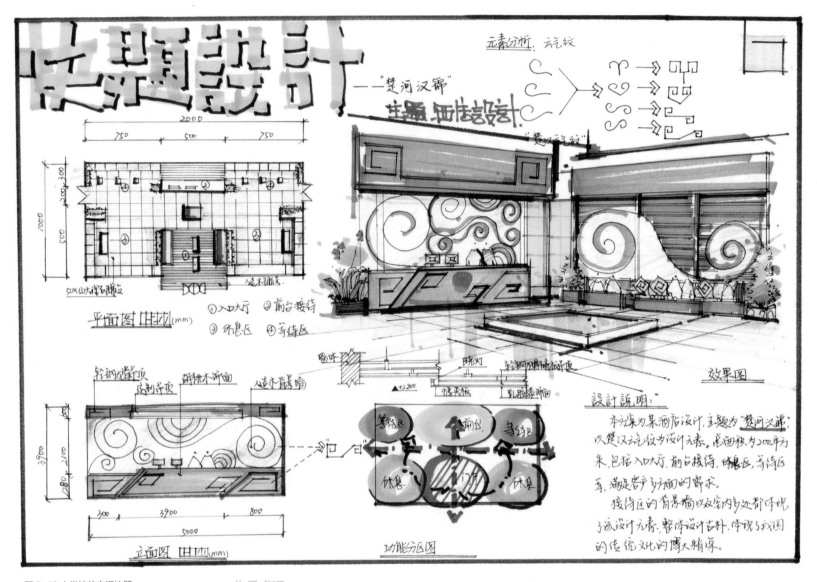

图 6-18 大堂接待空间快题

作品点评

主题突出是本案特色。从功能来讲等待区可通过休息区来实现，其必要性值得商榷；几何水景能从视觉角度提高整体空间的丰富性，目前稍显多余，长条形的水体设计只能成为动线观赏，中心水景一定程度阻碍前台功能。做水景如果能形成短暂停留观赏起到的功能将更突出。从尺度把握上休息区面积较大，可细分处理。从酒店大堂流线来讲，顾客流线从进入大堂到前台办理入住再到客房通道为主要流线，过程中有一部分顾客去往休息区等待。再

从建筑现状来讲，可考虑通过前台位置，大堂室内景观结合流线来排布，形成主次分明流线明确的空间。

从立面造型到效果图细节设计都能反映出绘图者的空间营造能力，表达上除平面图尺度标注错误，整体颜色对比突出，主次分明，表达清晰，效果图构图较好。

第七章 常见学习疑问及考题类型

7.1 快题表达类学习疑问解析

7.1.1 手绘表达能力提升方法

首先，从意识上要认同手绘表达能力属于一种技能，技能是可以通过学习加反复训练得以提高的。

其次，需要有正确的方法引导训练。手绘提高是一个循序渐进，熟能生巧的过程，刚开始从简单的开始，慢慢克服一些小障碍。取得一些成效后就要注意尺度比例和构图的把控。对于徒手表现找不到突破口的练习者而言，可配合尺子表达，注重成果和速度也是可以达到应试的要求的。

7.1.2 快速设计上色注意事项

应试来说，上色工具应形成一套自己常用的表现方式和工具，一般来说马克准备30 支以内，彩铅可准备自己常用的几支。推荐完成所有线稿后一起上色，上色前整体把控一下画面的基调，预想一下最终画面效果。下笔先从大面积或背景色开始，尽快完成画面大体色调。一般来说选笔先浅色后深色；表达的时候以面的转折关系和正投影关系为主；室内效果图应着重强调阴影。

7.1.3 快速设计的图面效果提升

良好的图面效果离不开着色表达效果和出彩的设计和完美的排版。图面整体色调或颜色张扬艳丽对比或含蓄协调统一，总体建议拉开明暗对比，使画面在整体考卷中能迅速进入阅卷者的眼帘。设计上注意避免为了创意忽略可行性。排版上应完整清晰，避免漏项，尤其是各类文字标注和数字标注。

7.1.4 快速设计版面常见问题

排版上注意不要太过凸显图框和标题，如图框过宽，标题过大，颜色过于艳丽，最后喧宾夺主。

绘图前忌讳不根据规定比例预先布置好每一张图的位置而直接开始画图，最后会导致画面利用不充分，不平衡等问题。

排版忌讳把同类型的图分开排布，这样不利于观察者看图。

7.1.5 快速设计图面标注内容

总体上包括文字标注、数字标注和符号标注。

总平面图包括图名、比例、建筑入口标识、台阶符号、地面标高、内视符号、地面材质文字标注、尺寸标注、定位轴线等，也可引线标示主要背景墙设计或功能区，总体上来说标注应清晰、方便看图者理解设计。

吊顶图包括图名、比例、标高、尺寸标注、定位轴线等，也可引线标注主要材质、风口、音响等，有剖面详图需要绘制的话也应当有相应标注。

立面图包括图名、比例、立面标高、主要材质的文字标注、主要陈设品及灯具的文字标注等。

详图应包括图名、比例、详图编号、材质标注、主要尺寸标注等。

7.1.6 快速设计常见排版方式

一张 A1 图纸常用排版方式

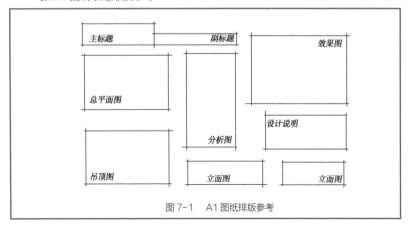

图 7-1　A1 图纸排版参考

一张 A2 图纸排版常用方式

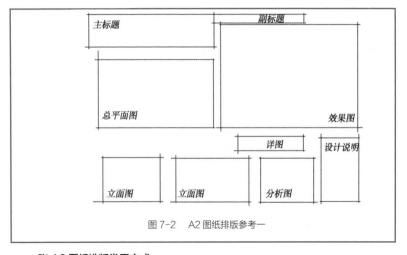

图 7-2　A2 图纸排版参考一

一张 A2 图纸排版常用方式

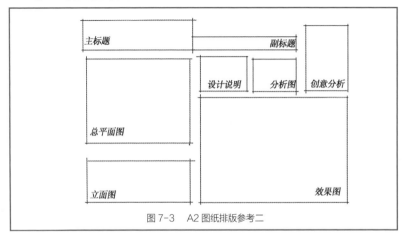

图 7-3　A2 图纸排版参考二

一张 A3 图纸常用排版方式

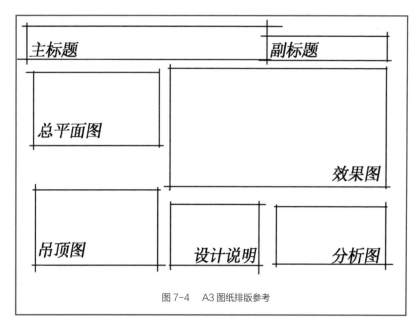

图 7-4　A3 图纸排版参考

7.2 快题设计类学习疑问解析

7.2.1 室内一般的设计方法

设计前需要整体把握设计脉络，遵循设计规律逐步逐项完成每一部分的工作。具体操作时可分为以下两种方式。

1. 先功能后形式

从空间定位开始，将各个功能区的位置合理安排后，再考虑空间的形态。根据空间的要求反过来调整功能，最终完成设计。对于初学者来说，先从功能入手，有利于把控全局，根据功能排布来组织空间形态相对容易把握。这种模式需要避免形态设计平庸，草草收尾。

2. 先形式后功能

先从空间形式和造型入手，首先推敲一个出一个不错的空间形式，再讲功能填充和组织起来，过程中在不影响整体形式美观的基础上反复调整，最终完成设计。这种思维模式有利于设计者自发的发挥空间想象能力，创意阶段不会受太大的限制。当然，这要求设计者的能力更高，最好有一定的设计经验，才不至于后期排布功能时候完全不协调，从而全部推翻之前的创意。对于初学者来说，较难掌握。

因此，设计能力可以理解为处理功能与形式的能力。无论哪种思维方式都需要设计者积累大量的实际案例，拓宽眼界是每个希望设计跟上潮流、超越自我的从业者一直需要坚持的事。

7.2.2 快速设计常用思维技巧

在进行室内方案设计时，通常要面对各种问题。如面积过小而功能要求多、柱子突兀、建筑原始空间不好利用等，而设计的过程中也会不断产生新的问题。因此设计的过程可以归纳为发现问题和解决问题的过程，设计者需要在这个过程中将出现的各种问题进行分析、比较、综合并作出判断和解决方式。基于设计的过程，设计者需要具备以下两种思维技巧：

1. 处理问题时先主后次，切不要忽略主要问题，陷入局部细节；很多初学者容易陷入这种误区，导致浪费太多时间。

2. 设计空间时统筹全局，切不可思维局限。例如室内设计最忌讳的是设计立面或吊顶的时候不考虑平面功能排布，最后做出来的空间不伦不类，不知所云。

7.2.3 家居空间的功能关系及设计特点

家居空间是最常见的空间类型，设计的时候结合功能要求，合适组织流线。一般来说，居室中的流线可划分为家务流线、家人流线和访客流线，三条线不能交叉，这是流线设计中的基本原则。

访客流线主要指由入口进入客厅区域的行动路线。访客流线不应与家人流线和家务流线交叉，以免在客人拜访的时候影响家人休息或工作。客厅周边的门是保证流线合理的关键，一般的做法是客厅只有两扇门。而流线作为功能分区的分隔线划分出主人的接待区和休息区。

7.2.4 办公空间的功能关系及设计特点

办公空间设计应注重人的生理、心理需求，保证合理的分区与规划等等大局规划之外，各功能区域的设计也是需要细心分析、注意的。

办公空间的 导入区域作为进入办公室的起点，既担负组织交通枢纽作用，也是企业形象展示的良好开端。通行区域包括了走廊、过道及楼梯，是办公空间设计各个功能区域重要的联系纽带，人行过往的交通要道。工作区域是以开敞式为主，依据工作种类、模式分为四种形态：蜂巢型、密室型、小组团队型、俱乐部型。

7.2.5 餐饮空间的功能关系及设计特点

餐厅用餐区域的布置要考虑便利顾客和效力员的活动及道路的合理，还要考虑餐厅饭店自身的特征和顾客集体，美妙地使用空间，使餐厅饭店发挥出最大效益。小型餐厅的过道布置应体现流转、便利、安全的特征，切忌凌乱，要保证效力人员顺畅的完成任务。当然通道的规范要契合人体活动的功用要求。卫生间洗手间应与餐厅设在同一楼层，防止不便利。用餐区的照明一般选用艺术吊灯，光线一定要柔软，这么有利于增加用餐空气。

7.2.6 售楼部空间的功能关系及设计特点

完整的售楼部空间一般由接待区、展示区、洽谈区、办公区等主要部分组成，另外可包含贵宾接待室、财务室、等辅助房间和卫生间、茶水供应室等服务房间。流线分析应有两条流线，一是顾客流线，包括参展、洽谈、签约；二是内部职员活动流线。

7.2.7 服装专卖店空间的功能关系及设计特点

空间布局形态专卖商店的空间格局复杂多样，可根据自身实际需要进行选择和设计。一般是先确定大致的规划，例如营业员的空间、顾客的空间和商品空间各占多大比例，划分区域，尔后再进行更改，具体地陈列商品。

陈列区的陈列方式有箱型、平台型、架型等多种选择。休息区与试衣间应有流线上的关联，也要注意试衣镜的预留位置。

7.2.8 书吧空间的功能关系及设计特点

阅读空间的橱窗展示是吸引顾客上门的另一种简单易操作的做法。但要避免直接图书的堆积，人们享受读书的时光更重要的是享受那份安静和平和。那么橱窗处最好是透明的，能够展示书店中的人舒适的享受读书的状态。令人想往的氛围，更容易吸引人们走进！书店怎么装修设计才能吸引顾客？色彩应该由冷色调和中性色调来造就。在设计的时候，可从中选择一两种颜色奠定书店安静的基调，然后由其他颜色点缀，让空间更加生动。特别注意的是，尽量避免大量使用暖色调，或多种颜色混合搭配。

书吧设计更适合简洁开阔的简约风格，设计装修时去掉多余的装饰物，把简洁实用放在第一位，整体空间看起来开阔、整齐，让空间安静下来。但是要注意的是，如果是儿童书屋，简约风格就不太吸引人了。

7.2.9 酒店大堂空间的功能关系及设计特点

大堂实际上是门厅、总服务台、休息厅、大堂吧、楼（电）梯厅、餐饮和会议的前厅，其中最重要的是门厅和总服务台。

酒店大门要求醒目宽敞，既便于客人认辨，又便于人员和行李的进出。最常见的门厅平面布局是将总服务台和休息区分在入口大门区的两侧，楼、电梯位于正对入口处。这种布局方式有功能分区明确、路线捷径，对休息区干扰较少的优点。

门厅的空间应开敞流动，来宾对各个组成部分能一目了然。同时，为了提高使用效率与质量，不同功能的活动区域必须明确区分。其中，总服务台、行李间、大堂经理及台前等候属一个区域需靠近入口，位置明显，以便客人迅速办理各种手续。

7.3 快题综合类学习疑问解析

7.3.1 快速设计应试准备期间的准备工作

首先应当是知识的积累。可根据考试类型进行分析和总结，对各类型室内空间的的功能和流线进行梳理，对室内设计中基本尺度做到清楚无疑，注重各类素材的积累。

其次是技能的准备。技能即为手绘表达能力可以通过反复练习得到快速提高的。在平时的练习中，第一步需要把握工作量，规范设计步骤，能够在较短的时间内理清头绪。第二步需要认清自己的能力，合理分配时间，比如设计用多少时间，表现用多少时间。第三步需要在技能练习的时候形成自己的一套表达方式。

第三是工具的准备。需找一套适合自己的绘图工具，比如说比例尺、三角板、绘图笔、固定用的马克等。

7.3.2 设计说明包含内容及规律

设计说明建议分段分条描述，条理清晰，不可刻意浮夸给人不务实的感觉。具体可参考以下格式。

第一段：方案概况

该方案为客厅（书吧）设计，总面积为 ** 平方米，定位为 ** 风格。

第二段：设计思想

设计的主导思想以（生态装饰、简约时尚、大方实用）为主。坚持"以人为本"，体现现代的生态环保装饰设计思想。

1. 本设计共分 * 大功能区域：分别为……。

2. 交通流线合理。

3. 材料主要使用生态型环保材料。

4. 特色设计为 ** 空间，该空间通过 *** 营造出和谐、极具特色的空间。

第三段：通过设计，满足……的需求，打造一个……的客厅（书吧）。

7.3.3 优秀快题设计评判标准

快题的评分标准一为设计，二为表达。设计来说首先是合理可行，然后是创意新颖，最后是在处理重点难点时是否有巧妙过人之处。表达上首先是设计意图要清晰明确，一目了然；其次图面的排版完善；最后是绘画基础、美学功底等基本素养要高。

7.3.4 室内方案快速设计考前复习方向

1. 锻炼敏捷的思维方式。考前已经不适合题海战术，也不要仅仅局限与方案的成果。应当明确一个方案是如何开展，梳理整个思维的逻辑关系，形成一套自己的处理方式。

2. 模式化提高表达能力。积累一些好用的表达方式，达到随手可以勾勒出来，一般接待区的收银台、休息区的沙发组合，室内植物、落地灯等都是常用好用的配景。

3. 综合能力的培养。可以模拟考试时间，检验自己的时间分配，确保可以在规定的时间内达到最佳成果。觉得自己哪一部分有欠缺的话，再进行分项解决。

7.4 自由式考题类型

7.4.1 有题材限定考题

** 大学 2017 年招收硕士学位研究生试卷

以"雀之灵"为题材，结合所报考专业，分别进行有针对性的创新设计和表现要求 3 小时（150 分）。

1. 切题准确，体现专业特点用文字做简要画面阐释。

2. 设计有创意，表现手段不限，画面简洁清晰，4k 绘图纸。

3. 提示：用雀之灵之印象，通过灵性动物的启示，结合所报专业，用自己的理解设计出有创意的方案；或一种产品，或一个环境，或一个标志，或一副招贴，或一个饰品，或一个舞姿，并将它描绘出来。

环境艺术方向：设计白领住宅书房一间，设计有平面、立面、预想效果图。注意平面立面的规范性，尺寸 20cm×20cm。

7.4.2 有主题限定考题

** 大学 2016 年硕士研究生入学考试试题

题目："线性"的构想

答题形式：可以按照专业基础方式答题，也可以结合专业方向答题。

环艺方向 150(分)

要求：三视图 30%

效果图 50%

创意说明 10%

版面效果 10%

7.5 限定式考题类型

7.5.1 家居空间快题试题

** 大学 2017 年 502 快题设计考研试题

题目：异域

设计内容：

1. 以异域为主题，设计住宅公寓的主题空间形象效果。

2. 绘出平面图、立面图、剖面图，标注相关尺度及内容；表现色彩效果图分析图（手法不限）。

3. 设计说明与分析，要言之有物，有限 200 字以内；图纸规格 A3。

4. 图纸要求：画面整洁，设计合理，构思新颖，设计体现主题性、生态性、原创性。

设计限定条件：

1. 以住宅公寓为目标，突出主题进行整体设计与分析评价。

2. 住宅公寓长 7.8m、宽 5.2m，建筑层高 4.8m，建筑门、窗根据内容自定。

3. 图纸可将 1 号图纸剪裁成 2 号图纸使用。

7.5.2 办公空间快题试题

** 大学 2017 年命题设计题目

题目：简约的清风—室内装饰设计

说明与要求：

1. 设计对象为家居或办公环境中的客厅设计。建筑平面图自定，客厅面积为 30~50 ㎡，要突出现代室内设计简洁、明快的特点，室内配置的家具、电器及其他用品和饰物等相关道具自定。

2. 室内平面布置设计图 1 张；室内效果图 1 张；简要的设计创意说明；效果图的表现技法不限。

7.5.3 餐饮空间快题试题

** 学院 2017 年硕士研究入学考试试题

科目名称：室内设计研究方向

题目：中式快餐店室内设计

设计内容：以供应中式小吃为主的快餐店为对象。

建筑条件：对其营业厅做室内环境设计。

建筑条件：建筑平面参见附图，层高 3.20m。

设计要求：体现传统饮食文化，并反映现代快餐特点，功能安排合理，空间组织灵活，形式手法多样，材料运用得当。

7.5.4 售楼部空间快题试题

** 大学 2017 年硕士研究生入学考试试题（A 卷）

设计题目：《某楼盘售楼处室内设计环境设计》

设计要求：

为某售楼处进行室内设计环境设计，必须要有前台、接待处、展示区等，其他环境要素自定。售楼处总长 20m、总宽 12m、室内净高 4m，建筑平面图自定；要充分考虑售楼处的功能需求及行业特点，室内空间布局合理、功能流线顺畅，尺度适宜。制图规范，有相应的文字标注及主要尺寸的标注。

环境艺术方向：设计白领住宅书房一间，设计有平面、立面、预想效果图。注意平面立面的规范性，尺寸 20cm×20cm。

1. 完成售楼处主要效果图 1 张；

2. 完成售楼处平面布置图 1 张；

3. 完成售楼处主要立面图 1 张；

4. 简要的设计创意说明。

7.5.5 售楼部空间快题试题

** 大学 2017 年硕士研究生入学考试试题（A 卷）

设计题目：服装专卖店室内设计

设计要求：

请为所给出的空间设计一个服装专卖店，并画出平、立、剖及一张透视图。

考试时间：下午 1 点至晚上 7 点。

1. 功能空间排布合理 2. 卷面完整 3. 富有创意

7.5.6 书吧空间快题试题

** 大学 2017 年硕士研究入学考试试题

科目名称：命题空间手绘图 特色书吧室内设计

1. 功能要求

主要提供学生及外来人员阅览、上网、茶水、储备等功能的使用要求。

2. 周边环境及空间规模

位于大学校园内，地段地势平坦，附近有大学生俱乐部、校史馆及景观绿地等。

书吧所用建筑空间为单层框架结构，建筑面积约 175 ㎡，层高 4.20m。

3. 设计要求

（1）对建筑空间所处物理环境和人文环境进行分析，确定整体设计定位，写出整体设计说明。书吧空间入口自己确定，室内地标按 ±0.000，室外地平标高按 -0.300 考虑。

（2）画出建筑外环境设计平面图（1：300）。

（3）画出书吧平面布置图（1：100）。

（4）画出顶棚图布置图（1：100）。

（5）画出二个以上立面图，并在设计图标出主要设计相关距离尺寸，家具与固定装置的高度及尺寸（1：30 或 1：50）。

（6）画出重要空间色彩效果图 1 张（手法不限）。

7.5.7 大堂接待空间快题试题

** 大学 2017 年 502 命题空间手绘图考研试题

设计题目：商务酒店门厅及后庭院设计

考试时间：6 小时

设计内容：本课题是某商务酒店的门厅及其庭院设计，建筑及庭院的总面积为 35m×20m，其中餐厅占 15m×20m，庭院约 20m×20m，可以根据任选室内空间或庭院空间的一种进行设计。

说明：

1. 本课题的室内梁板下层约 4.2m，建筑的墙面可以根据设计需要设定为玻璃或实体砖墙，开窗及门的位置自定，至少有两个出入口，室内通向二楼的电梯厅和楼梯可根据空间需要自己设定位置。庭院空间出入口、围墙等内容可根据需要自定形式。

2. 室内空间需要设计总服务台、休息等候区域或大堂吧等内容。

设计及图纸要求：

1. 对空间进行合理的功能分区或景观规划，绘制平面图。

2. 绘制彩色小透视图至少 1 个区域，表现形式不限，多者不限。

3. 设计风格自定，要求有鲜明的特点。

4. 简要设计说明 100 字左右，所有墨线图纸比例自定，并进行标注材料。

第八章 室内快题作品欣赏与点评

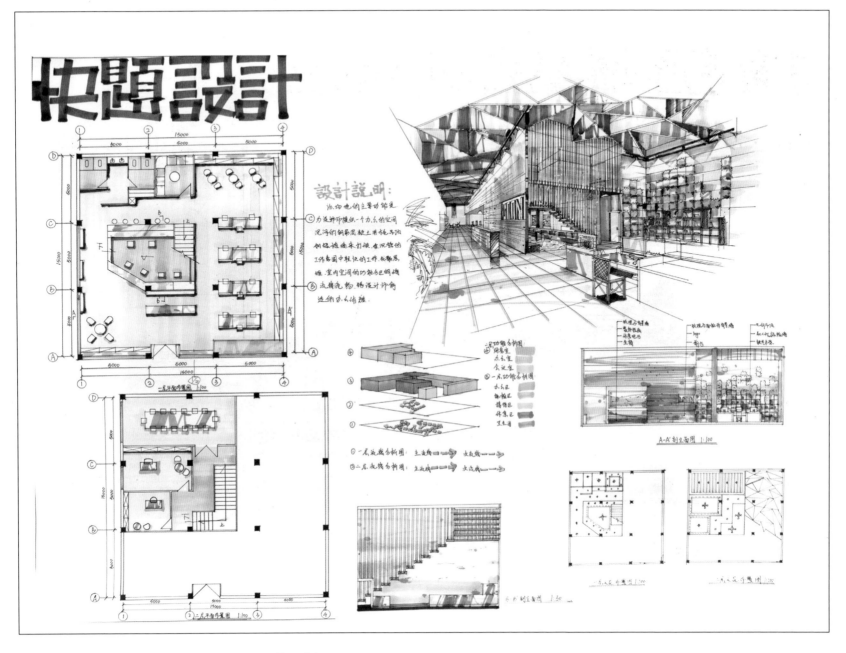

图例 8-1 设计工作室快速设计

用　　纸　A2素描纸

图纸尺寸　840mm×596mm

表现方法　NEW COLOR 马克笔+中性笔

用　　时　6小时

作品点评

　　平面空间氛围较好，功能组织连贯符合逻辑。界面设计疏密有致，效果表达富有张力，用色清新脱俗，给人眼前一亮的感觉。平面方案竖向设计表达缺失，楼梯下方空间不太好使用。剖立面表达不准确，其余图面完整较丰富。

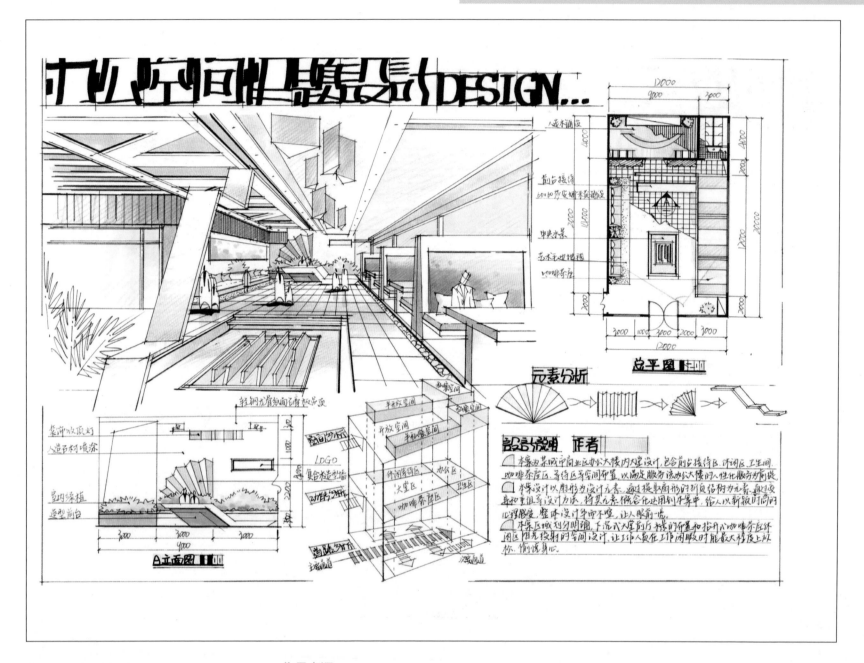

图 8-2 大堂空间快速设计

作品点评

用　　纸　A2素描纸

图纸尺寸　840mm×596mm

表现方法　NEW COLOR 马克笔+中性笔

用　　时　6小时

平面空间划分明确，交通便捷。设计上一气呵成，手法娴熟。三维空间造型感强，吊顶与立面设计娴熟得当，空间秩序感及丰富度都较好。整体排版内容丰富饱满，平面方案表达上简洁明快，层次分明。各基本关系也较为明确，配色合理，色调统一有变化。效果表达上有较强空间感，表达手法干脆细腻。立面简洁而不失视觉冲击感，分析图清晰，思路明确。

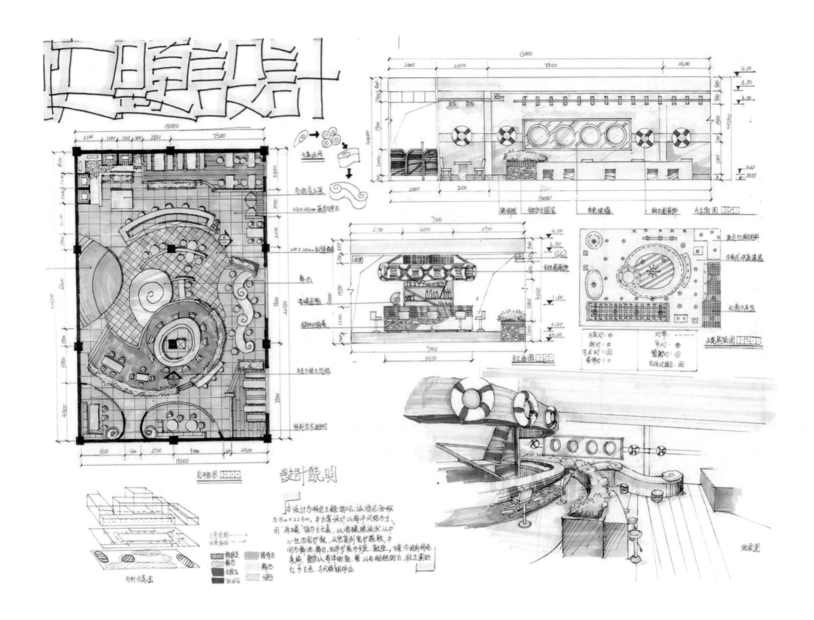

图 8-3 主题酒水吧空间快速设计

用　　纸　A2素描纸

图纸尺寸　840mm×596mm

表现方法　NEW COLOR 马克笔+中性笔

用　　时　6小时

作品点评

　　平面布局形式感强，曲线之间的衔接较为流畅，空间结合主题设计。围绕中心的周边功能区之间的布置欠缺一定的组织，显得有些零碎，入口空间的设计有些仓促。顾客进入空间之后的流线组织不够明确合理、缺乏明确的分流意识。各小空间的衔接交通尺寸、细节的合理性有待推敲。立面设计也能较好结合到主题风格。

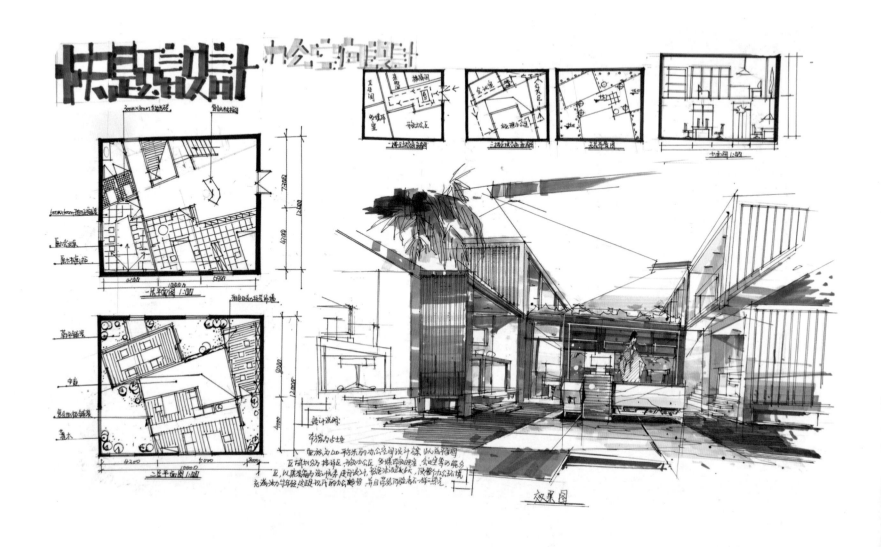

图 8-4 办公空间快速设计

用　　纸　　A2素描纸

图纸尺寸　　840mm×596mm

表现方法　　NEW COLOR 马克笔+中性笔

用　　时　　6 小时

作品点评

　　平面布局来说，设计者极大程度的使整体空间形态变得更丰富，较好结合办公主题。一层空间的开放性有些欠缺，功能空间的面积尺度把握不太准，如会议功能显得过于拥挤，卫生间及储藏空间划分上没有最大程度利用空间，不太方便使用。另楼梯的表达方式不够准确。二楼利用集装箱的特征结合办公空间主题，大量使用绿化，使办公环境轻松惬意，这种想法值得推崇，如果能考虑好公共交通的尺度及空间的连通性就更完善。

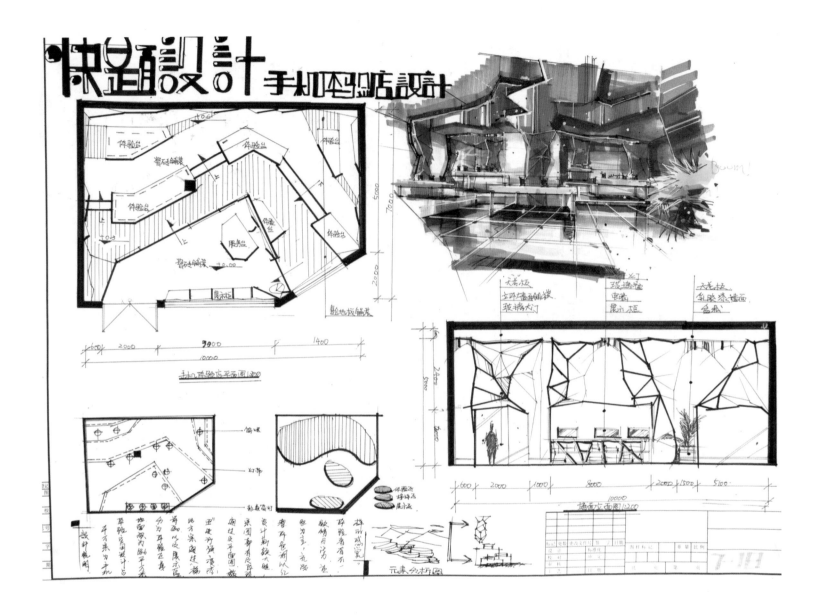

图 8-5 手机专卖店快速设计

用　　纸　　A2素描纸
图纸尺寸　　840mm×596mm
表现方法　　NEW COLOR 马克笔+中性笔
用　　时　　6小时

作品点评

　　设计高低错层使得空间更加丰富，边界用展示方式，紧扣商业主题。美中不足的是交通面积稍大，空间缺乏让人停留的意识。如能将停留空间与交通完美结合；展示功能与交通独立思考并融合的话在整体方案能力提高一个大台阶。三维空间设计感较强，造型突出。图面完整，总平竖向标高清晰。方案布局、立面及效果表达有一定深度，效果较好。

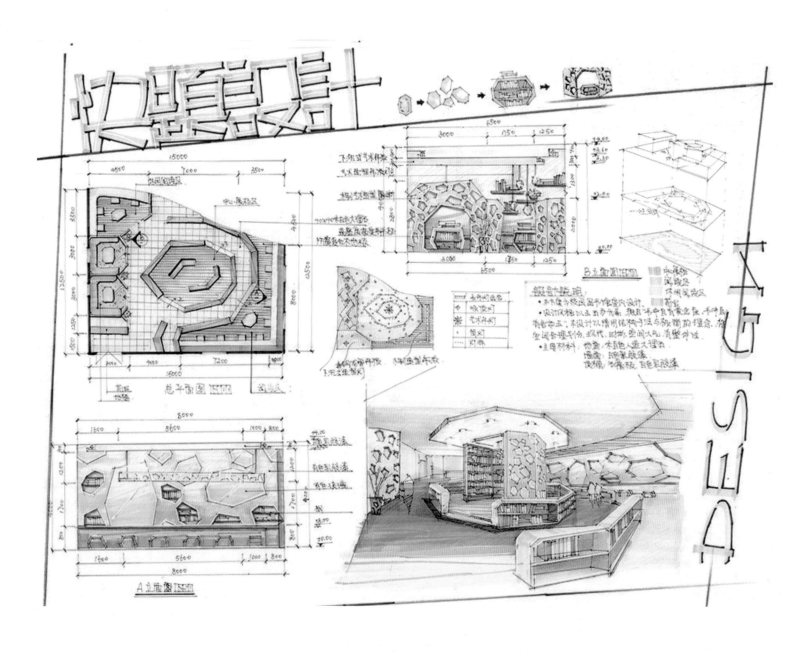

图 8-6 阅读空间室内快速设计

作品点评

用　　纸　　A2素描纸

图纸尺寸　　840mm×596mm

表现方法　　NEW COLOR 马克笔+中性笔

用　　时　　6 小时

　　平面布局上清晰明确，立面极具个性化。陈列区居中可以满足各区的人使用。如能在交通组织上更明朗独立、阅读区布局整体一些效果会更好。顾客进入空间后略显拥挤。卡座阅读区的分隔是本案其中一个小亮点。效果表达中的吊顶及灯光设计稍显粗糙。表达上图面色调统一，书香气息浓厚。各图表达的内容较为丰富，效果图的空间尺度稍大，构图的角度可优化。

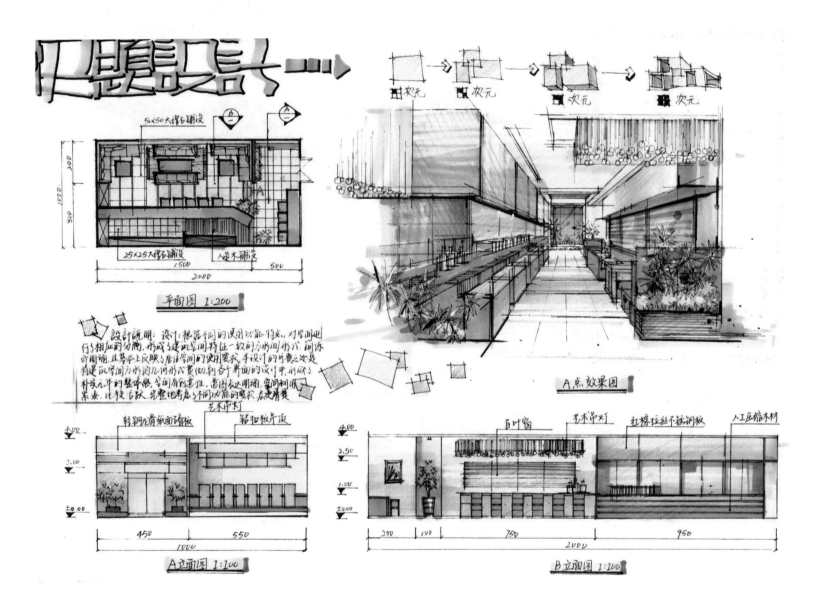

图 8-7 餐饮空间室内快速设计

作品点评

用　　纸　A2素描纸

图纸尺寸　840mm×596mm

表现方法　NEW COLOR 马克笔+中性笔

用　　时　6小时

方案在布局上采用障景的手法，避免一通到底，同时在流线上合理有层次。通过纵向空间及三维空间的处理，结合简洁的平面陈设，空间变的丰富有张力。立面设计张弛有度，熟练运用重复的秩序让整体空间的实用性上升到一个新的高度。设计成果简洁明快，总平布局清晰明朗，家具与空间的关系一目了然。立面图前后关系清晰，造型疏密得当，内容朴实有力。

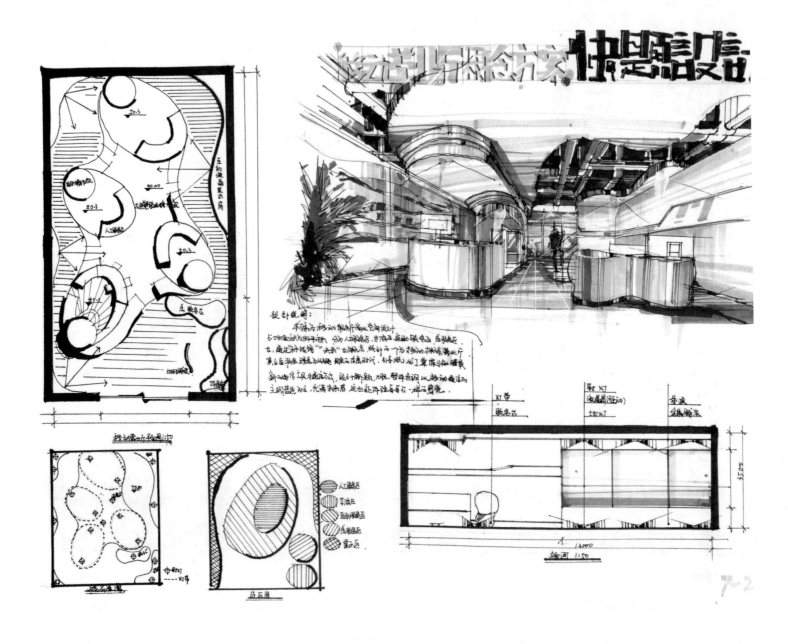

图 8-8 服务类室内空间快速设计

用　　纸　　A2素描纸
图纸尺寸　　840mm×596mm
表现方法　　NEW COLOR 马克笔+中性笔
用　　时　　6小时

作品点评

较好的处理了曲线与矩形空间的的融合。美中不足的是入口空间处理的稍显仓促，可考虑在总服务台后方设背景墙加内部使用空间，前方宜开敞。另也应处理好空间使用者进入后的分流，目前的主交通略显拥堵，分流意识欠缺。单元式的空间能体现以人为本的设计理念，同时空间划分的更清晰。设计成果表达简明扼要，主题突出。排版上面较为整体，内容丰富。平面布局通过疏密关系适当交代出图底关系，效果表达上色彩突出，造型感强。

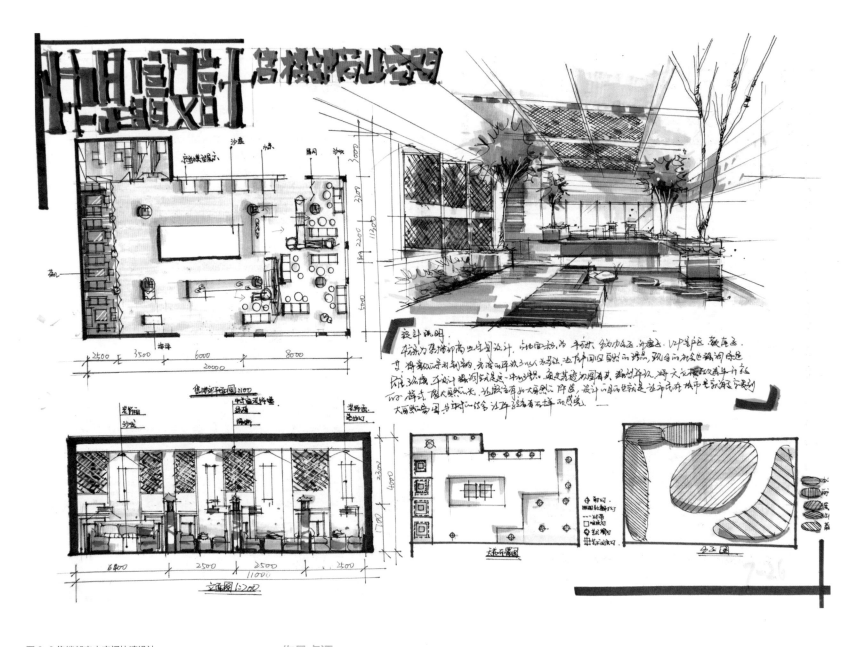

图 8-9 售楼部室内空间快速设计

作品点评

用　　纸　A2素描纸

图纸尺寸　840mm×596mm

表现方法　NEW COLOR 马克笔+中性笔

用　　时　6小时

　　布局充分考虑到售楼空间的瞬时人流量，将大量空间划分给顾客，再配合水体景观营造出舒适的室内空间。分区清晰，将轻松的洽谈空间结合空间局部流线来陈设，空间变的灵活多变。卡座区的立面设计利用简洁的线条，舒适的尺度及多元化的灯光设计，区域严肃冷静，适合该空间属性。三维空间层次分明，充分利用自然光源配合水景设计，极大程度体现了以人为本，绿色设计的的设计理念。

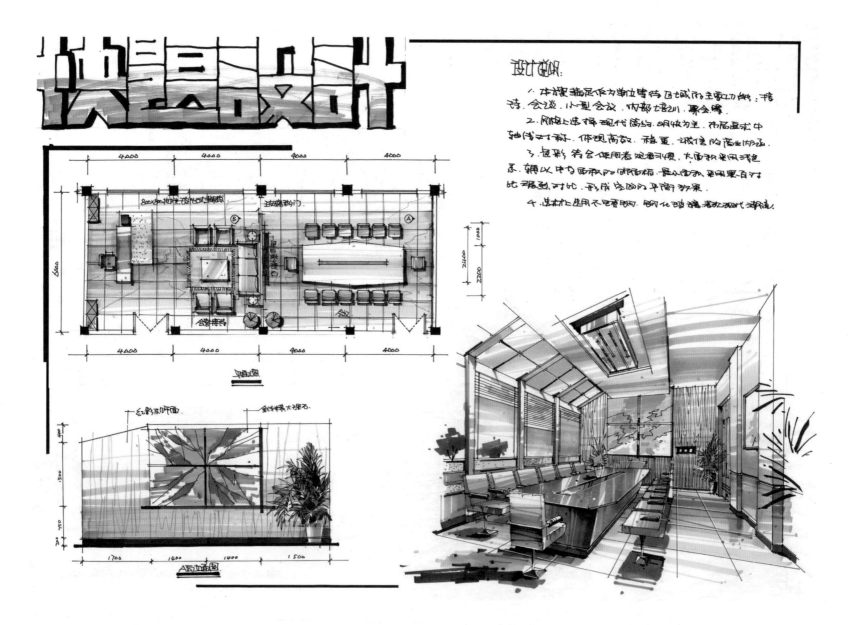

图 8-10 小型办公室内空间快速设计 -1

作品点评

用　　纸　　A2素描纸

图纸尺寸　840mm×596mm

表现方法　NEW COLOR 马克笔+中性笔

用　　时　　6小时

布局上秉承了小空间少隔断，保持空间的开放性。同时为保证会议功能的相对私密，采用灵活的隔断方式，较好的处理了设计难点。立面设计充分考虑办公空间的严肃、稳重等特点，采用重复的构成方式，简洁明快，有较强说服力。吊顶设计充分结合空间布局及功能空间的属性要求，将功能与形式较好的结合在一起。图面内容较为全面，表达娴熟，排布合理。总平面表达细腻有深度，各关系清晰明确。整体颜色搭配协调，符合办公空间的特点。

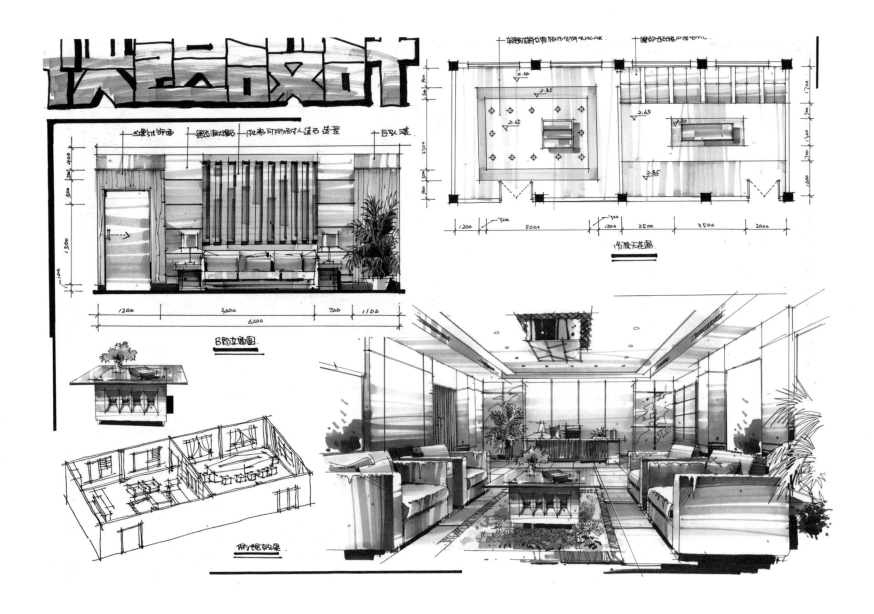

图 8-11 小型办公室内空间快速设计 -2

用　　纸　A2素描纸

图纸尺寸　840mm×596mm

表现方法　NEW COLOR 马克笔+中性笔

用　　时　6小时

作品点评

　　本图立面设计表达淋漓尽致，能够很全面的表达休息接待区背景设计思维，但整个吊顶图表达有些简单，标注还有欠缺。整个图面设计及用色比较清晰，作为在有限时间中能够表达出自己设计思维亦难能可贵。

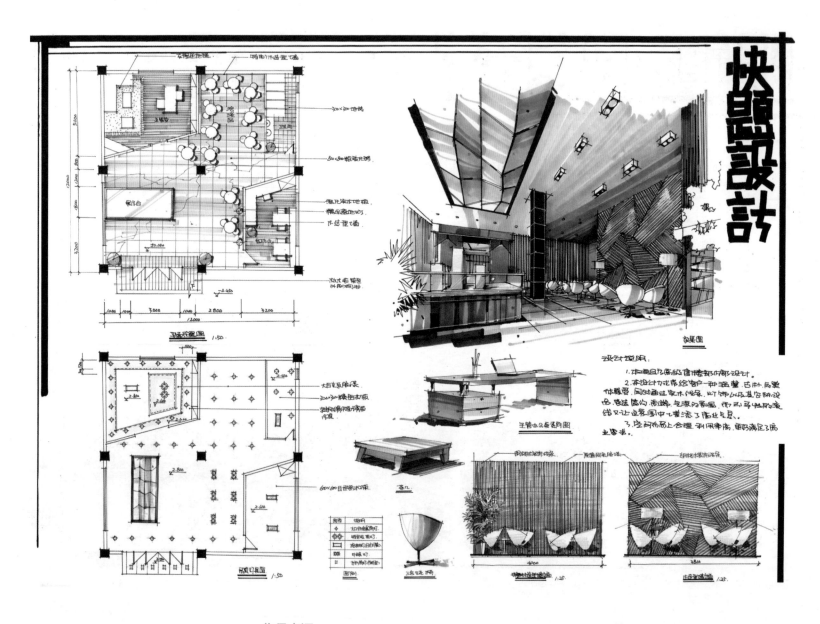

图 8-12 售楼部室内空间快速设计

用　　纸　A2素描纸
图纸尺寸　840mm×596mm
表现方法　NEW COLOR 马克笔+中性笔
用　　时　6小时

作品点评

布局上清晰合理，空间利用率较高。各功能空间的基本功能可以实现，洽谈区略显紧凑，在隔噪上有些欠缺，可考虑单元式的洽谈空间，提升参与者在空间中的舒适程度。美中不足的是在一定程度上受空间面积影响未设置接待区、与户型展示区；另辅助空间可设置茶水区、企业形象展示区等。设计成果较为完整，图面排布合理、内容全面。平面方案表达思路清晰，下笔简洁明了，无论上色还墨线的表现力都较强，达到了四两拨千斤的效果。

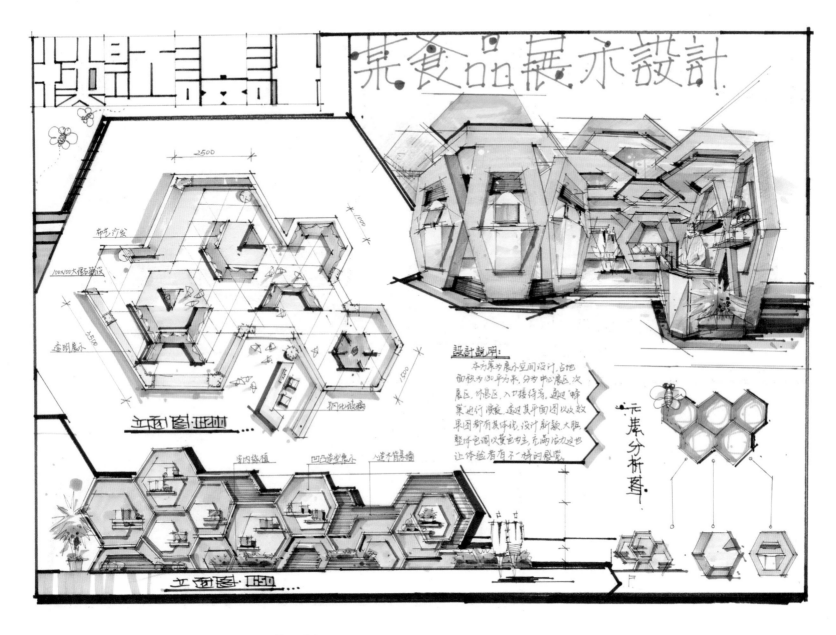

图8-13 展示类空间快速设计

用　　纸　A2素描纸

图纸尺寸　840mm×596mm

表现方法　NEW COLOR 马克笔+中性笔

用　　时　6小时

作品点评

设计上各图都表达出较强的设计功底，建筑形态将多边形结合的很好，内部展示流线明确，将休闲与展示较好的融合，空间趣味性极强。立面层次分明，将功能与形式完美结合，突出主题，主次也分明。三维设计上造型突出，运用"蜂巢"造型结合展示，配合鲜亮的颜色对比及夸张的造型，烘托出展示的意图。总平面表达简练，取舍恰到好处；立面前后关系明确，疏密得当，主次分明。三维效果造型优美，空间感充分，总体完整舒服。

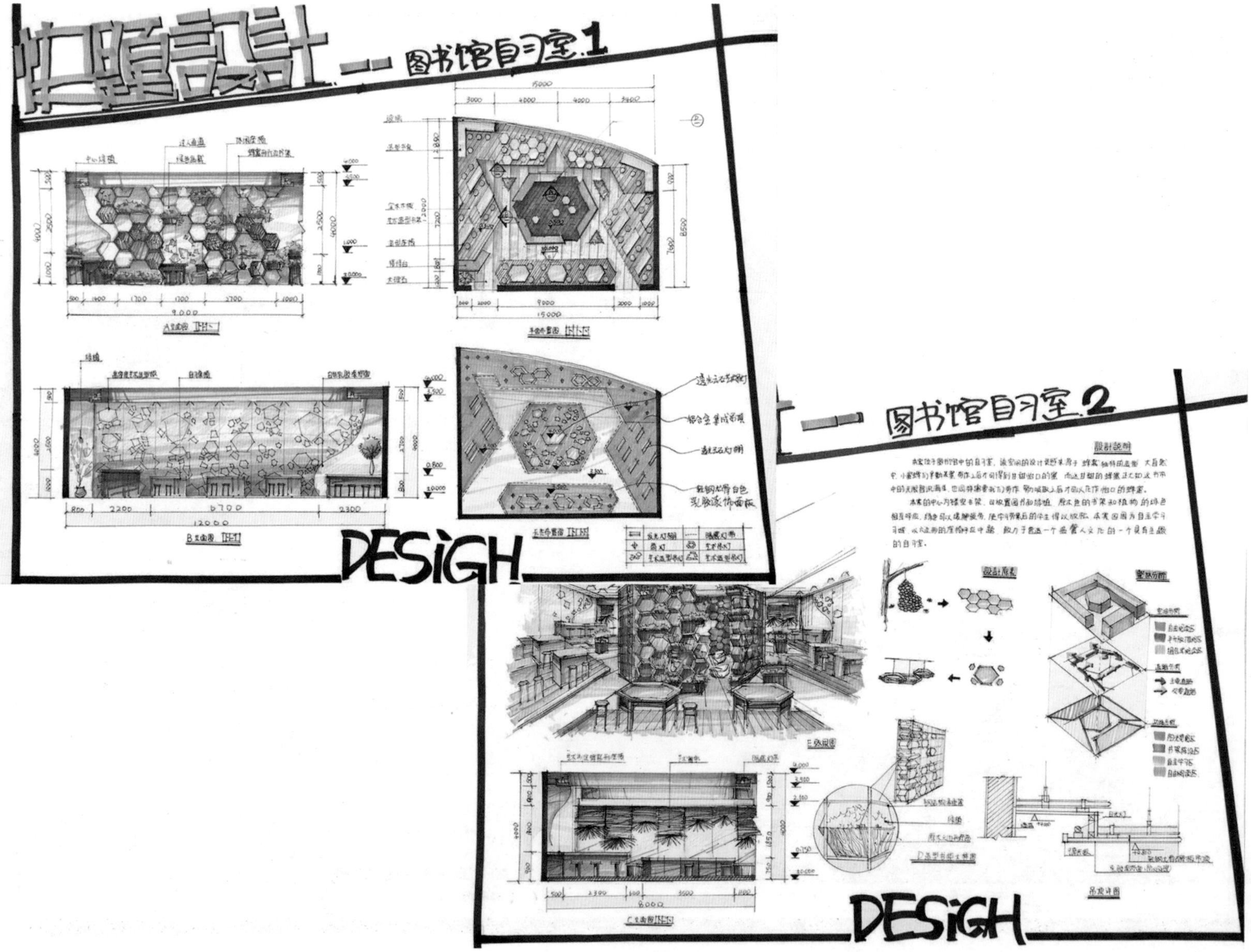

图 8-14 阅读空间快速设计

用　　纸	A2素描纸
图纸尺寸	840mm×596mm
表现方法	NEW COLOR 马克笔+中性笔
用　　时	6 小时

作品点评

　　设计上打破常规布局，空间丰富多变，分区明确，交通清晰。入口空间略显局促，各功能空间在营造上再继续下功夫后，平面方案会有较大提升空间，家具陈设是空间的重要部分，如能在空间边界上通过适当办法界定一下，空间会显得更饱满。立面设计趣味性较强，使空间灵活，身在其中更轻松。设计成果较为完整，图面排布合理、内容全面。吊顶表达合理，基本关系交代出来了。效果图色调控制的较好，运用较为简单的表达手法，表达出不凡的商业空间氛围。

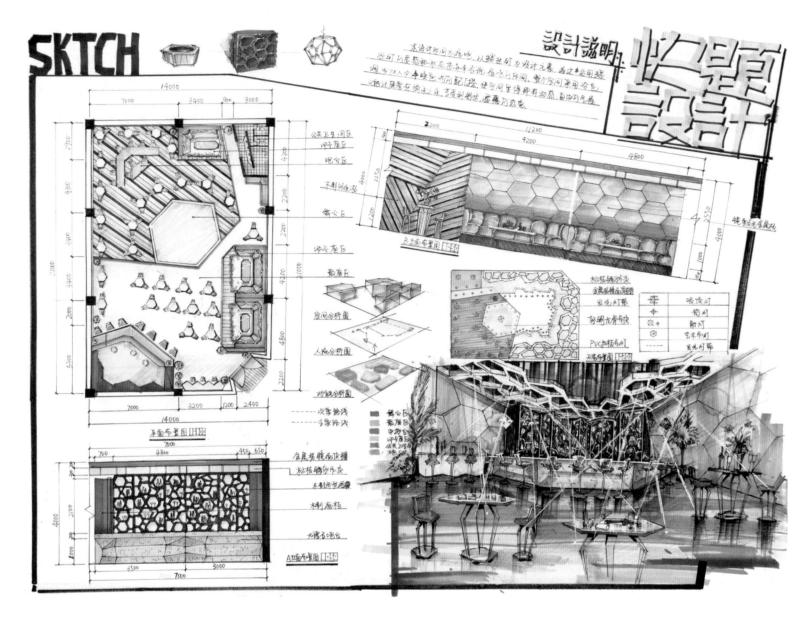

图 8-15 酒吧空间快速设计

作品点评

空间分隔较为多变，空间类型丰富。无论平面分割还是效果营造都体现设计者对形式感较为注重。家具尺寸符合酒吧空间特质，平面交通稍显拥挤，也不够流畅。从入口缓冲空间到内部主要交通都有些狭窄；功能划分时候可以划分一个内部人员使用、一个储藏空间；空间类型上，一般舞台需要一面背景墙分隔。整体图面表达丰富，色调符合空间特质，氛围较强。

用　　纸　A2素描纸

图纸尺寸　840mm×596mm

表现方法　NEW COLOR 马克笔+中性笔

用　　时　6小时

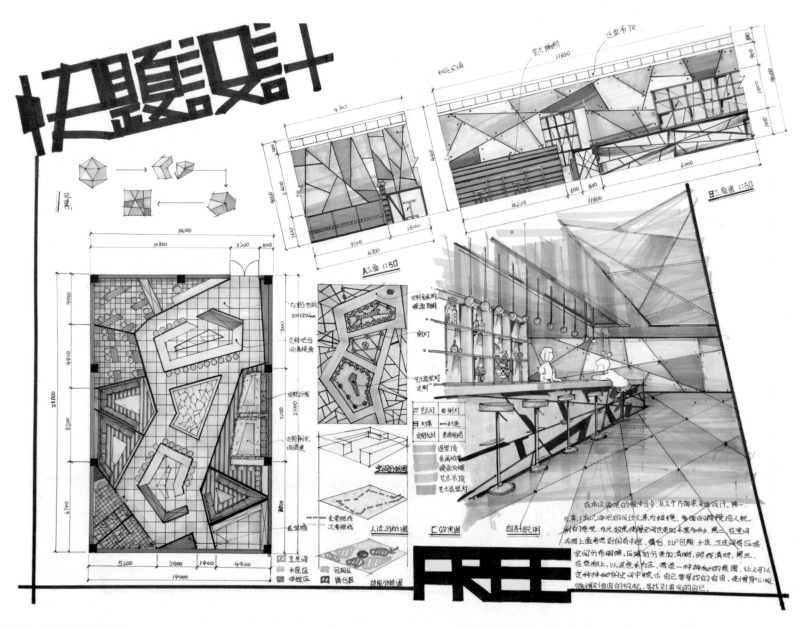

图 8-16 酒水吧室内空间快速设计

作品点评

用　　纸　A2素描纸

图纸尺寸　840mm×596mm

表现方法　NEW COLOR 马克笔+中性笔

用　　时　6小时

该空间采用异形分割，整体空间的开放性较强，平面方案形式感强，立面设计颜色搭配协调。布局上交通空间面积总面积较大但走廊宽度实际使用空间较窄。如能将功能与形式处理的协调一些更好。表达上内容丰富，设计表达要素较为全面，内容较为丰富。颜色种类多而不乱。

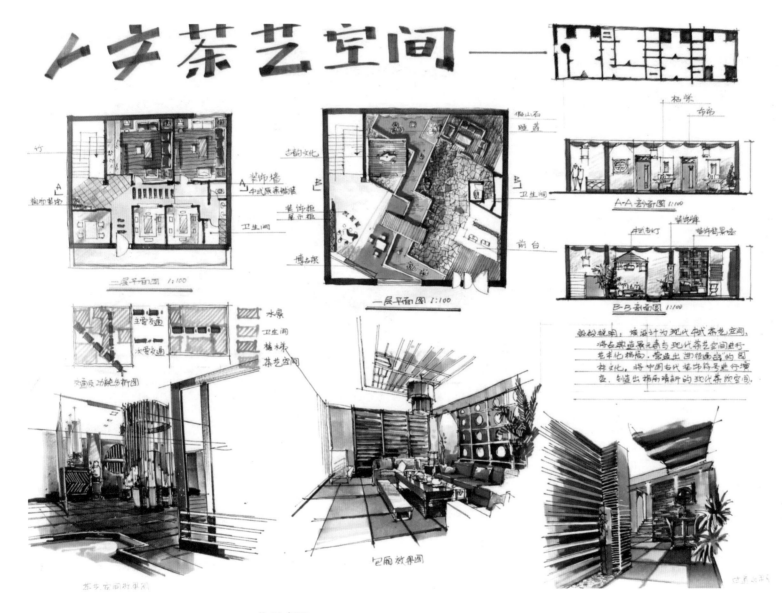

图 8-17 茶艺空间快速设计

用　　纸　A2素描纸

图纸尺寸　840mm×596mm

表现方法　NEW COLOR 马克笔+中性笔

用　　时　6 小时

作品点评

本方案空间交错，将室外景观引进室内，整体趣味感、体验性强。平面功能划分较为合理。一层楼梯表达有误，异形分割后的小空间处理欠佳。二层对外空间略显狭长。方案整体层高较大时，可考虑做跃层处理。整体来说，图面尺寸标注与文字标注欠缺，效果图表达功底较好，空间色彩对比较为强烈，空间明快，空间氛围营造较好。

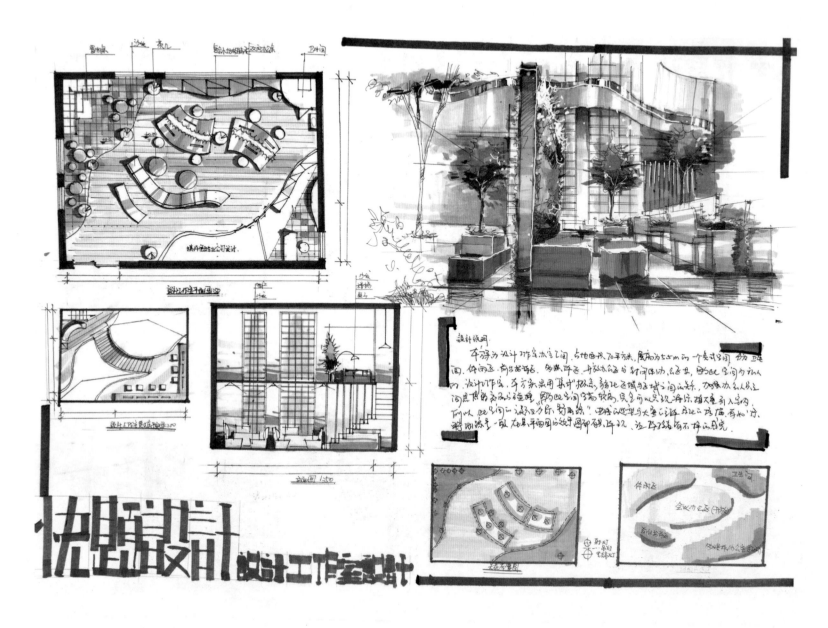

图 8-18 办公空间快速设计

用　　纸　A2素描纸
图纸尺寸　840mm×596mm
表现方法　NEW COLOR 马克笔+中性笔
用　　时　6 小时

作品点评

陈设布局上有一定的空间意识，三维空间形式感较强；入口空间稍显紧凑，多媒体室空间与卫生间面积都太小，使用舒适度低。二楼功能布局作为办公来讲略显重复，可重新规划2层空间。从空间类型上来说可考虑适当多加一定的私密空间。垂直绿化设计与三维空间分隔为本案的设计亮点。图面丰富，视觉冲击力强，采用对比色的色彩对比，突出办公空间的年轻态活力四射。各图表达深度与关系的清晰度都较好，双层空间的三维表达简洁又不失气派。

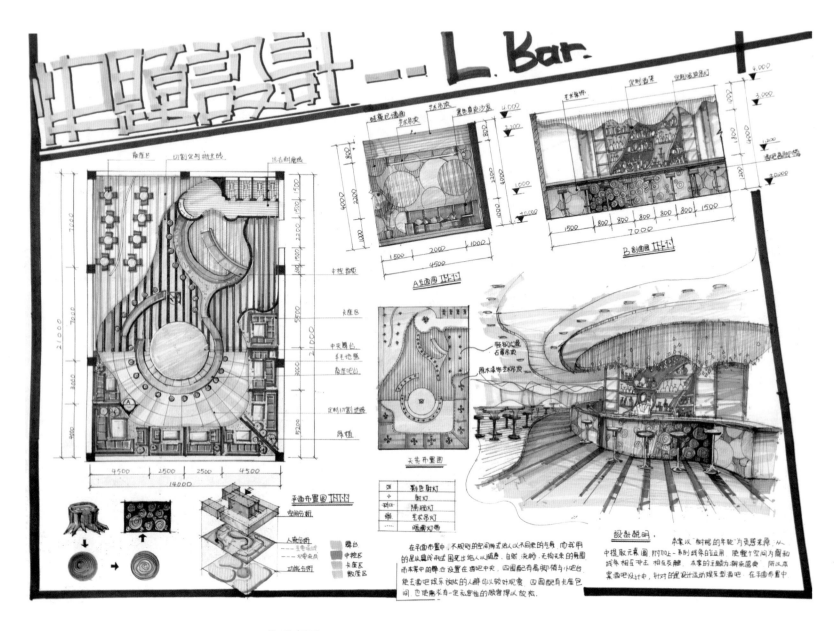

图 8-19 酒吧空间快速设计

用　　纸　A2素描纸

图纸尺寸　840mm×596mm

表现方法　NEW COLOR 马克笔+中性笔

用　　时　6小时

作品点评

　　本方案形式感强，无论从平面空间划分还是立面分割上都比较注重形式感。平面各功能空间的关系有一定逻辑性，美中不足的是此类公共空间消防距离太长，应考虑将中间吧台分割出一条公共交通。另基本没有内部使用空间，不太方便内部人员储物更衣等。空间色调协调，氛围浓郁。各图粗中有细，耐人寻味。排版内容丰富饱满。

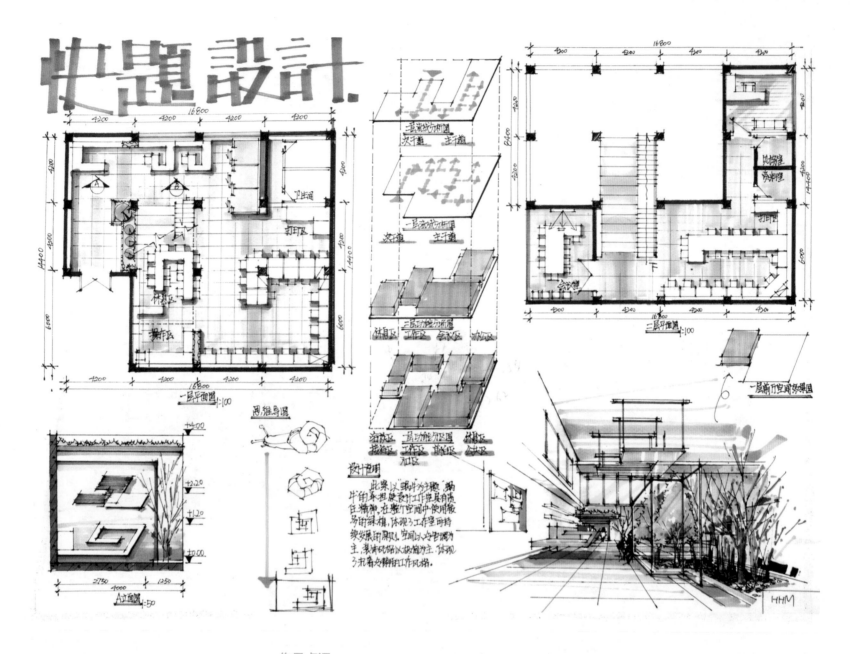

图 8-20 设计师之家快速设计

用　　纸　A2素描纸

图纸尺寸　840mm×596mm

表现方法　NEW COLOR 马克笔+中性笔

用　　时　6小时

作品点评

平面空间感较好，应考虑远端开放办公空间能最便捷到达建筑入口；楼梯底部功能空间功能不太好使用；另前台略小。本方案的入口展示、景观和楼梯旁边的高低空间是设计的亮点。图面冷暖把控较好，效果图简洁明快，场景虽然不大，基本关系也明确了。

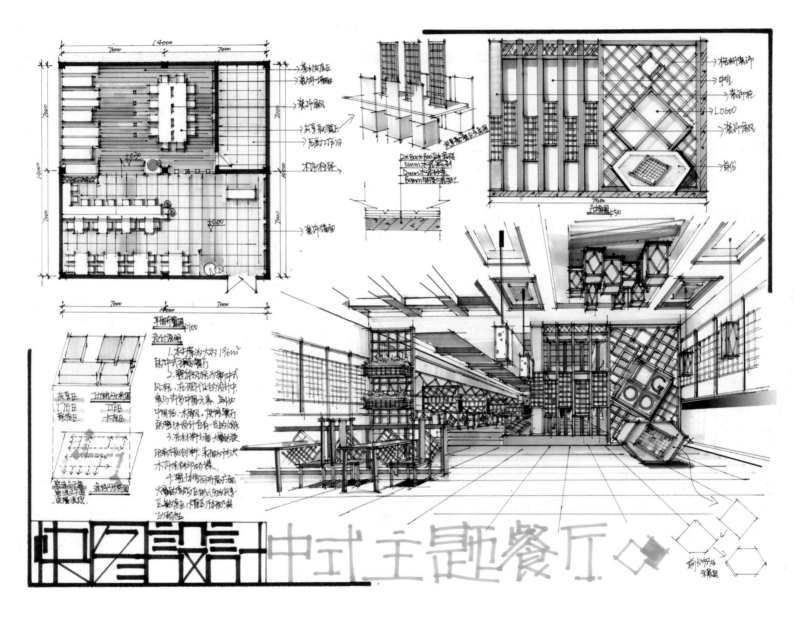

图 8-21 中式餐厅设计

用　　纸　A2素描纸

图纸尺寸　840mm×596mm

表现方法　NEW COLOR 马克笔+中性笔

用　　时　6小时

作品点评

　　平面方案入口空间稍显普通，效果图吊顶灯具设计在造型、数量、位置上可以再下功夫。图面整体视觉冲击较强，细节较多，也能在界面设计、空间营造、颜色搭配上紧扣主题。这类中式空间极容易给人沉闷的感受，可尽量多的用各类植物来柔和环境。

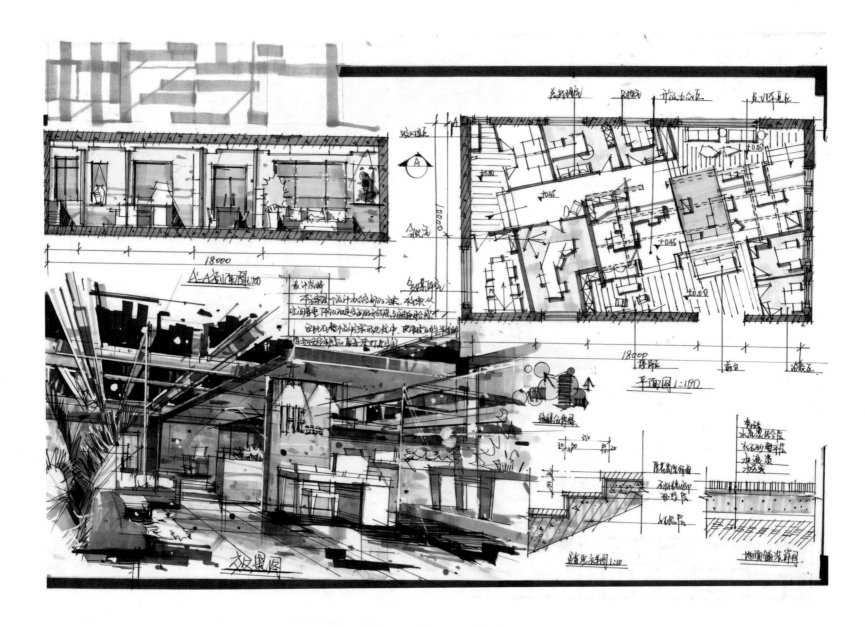

图 8-22 办公室快速设计方案

用　　纸　A2素描纸

图纸尺寸　840mm×596mm

表现方法　NEW COLOR 马克笔+中性笔

用　　时　6 小时

作品点评

　　方案布局上开放办公被主交通分隔，不利于办公功能。有些空间较小的时候应考虑以隔断的方式分隔空间。整体用色明快纯粹，各色面积把控较好，辅助低明度的颜色中和画面，表达出明快的办公环境；半开放空间的层次较好，与吊顶能形成明确的疏密关系，从而抓住观察者的眼睛。

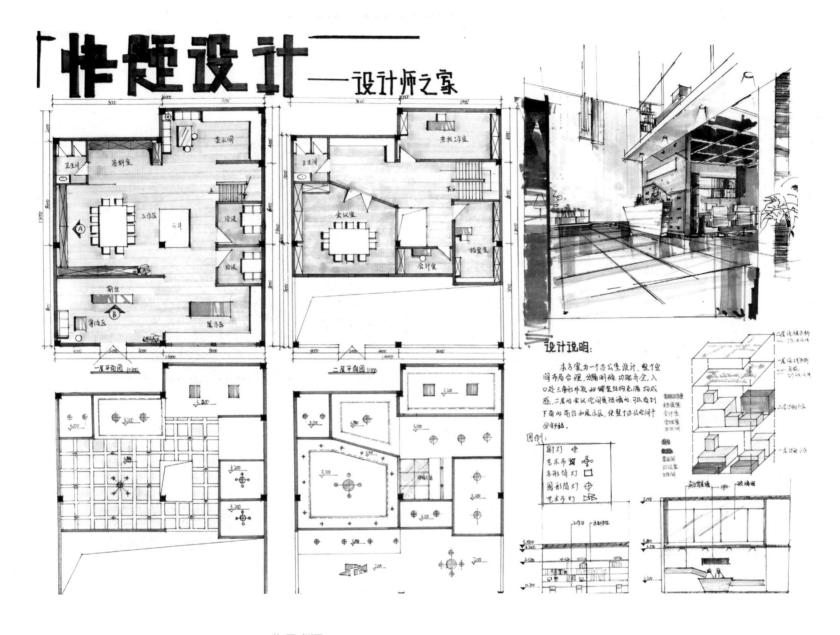

图 8-23 设计师之家办公设计

用　　纸　A2素描纸

图纸尺寸　840mm×596mm

表现方法　NEW COLOR 马克笔+中性笔

用　　时　6 小时

作品点评

　　该平面方案基本思路正确，门厅的通高使得入口空间大气。从空间开放程度来说，建议使洽谈空间更开放，如使用隔断分隔，若题目为自设门窗时候应该开窗；二楼应考虑与一楼有空间上的关联，避免空间压抑。从面积划分上，开放办公的区域略显紧凑，对应的辅助空间如资料茶水所占的实际面积则稍显大。开放办公与会议室的陈设应当区分。

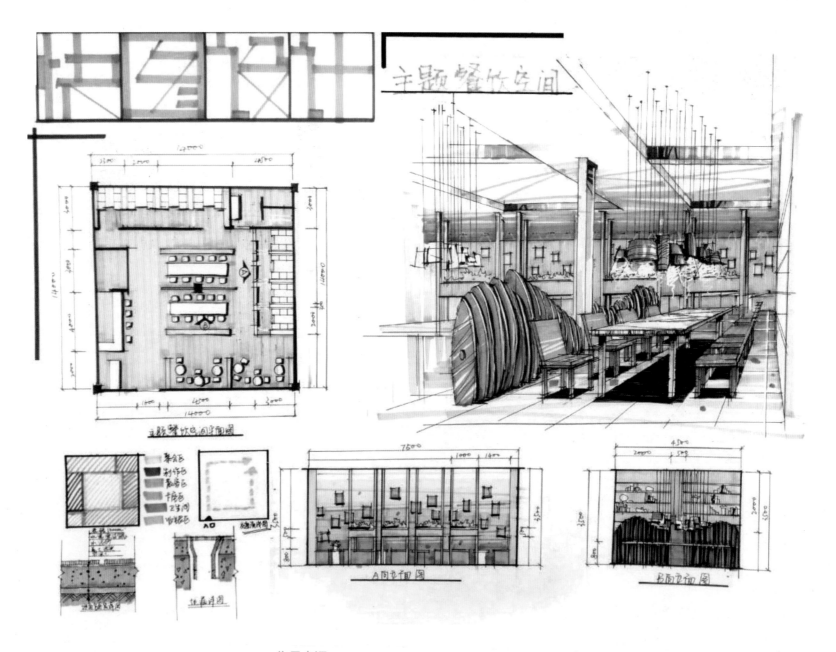

图 8-24 主题餐厅空间设计

用　　纸　A2素描纸
图纸尺寸　840mm×596mm
表现方法　NEW COLOR 马克笔+中性笔
用　　时　6小时

作品点评

该案平面方案顾客使用区域布置合理，空间也富有变化。考虑流线比较薄弱，空间的景观布置较少，缺乏整体逻辑性，可通过装饰柜和植物丰富平面空间。效果图视觉冲击力也较强，如能在吊顶天花设计上详细推敲就更完美。

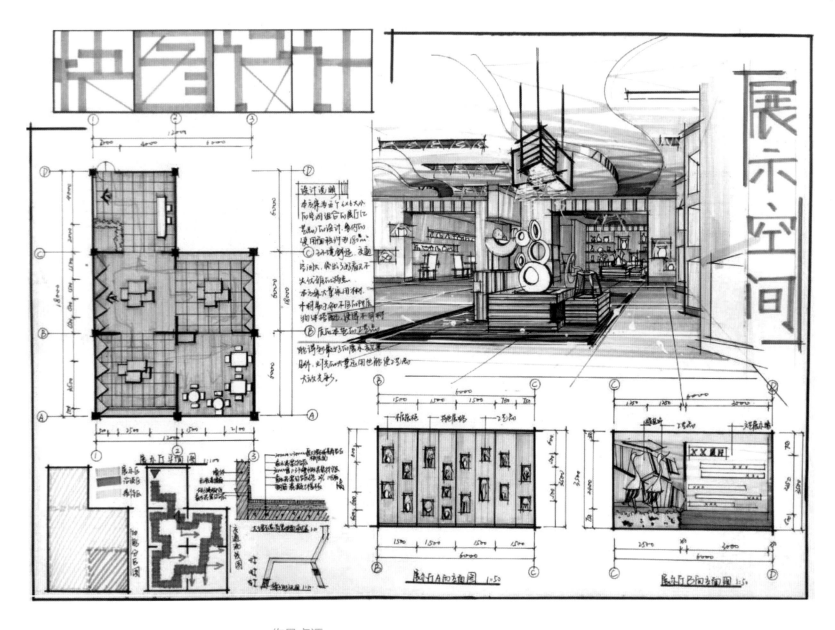

图 8-25 展示空间快速设计

用　　纸　A2素描纸

图纸尺寸　840mm×596mm

表现方法　NEW COLOR 马克笔+中性笔

用　　时　6 小时

作品点评

　　流线上来说可考虑将洽谈交流区靠近入口，可保障展示流线的连贯完整性体现出来。平面与立面设计都有设计亮点，另图面上内容较为丰富，色调统一，可以称得上是一幅较好的快题。

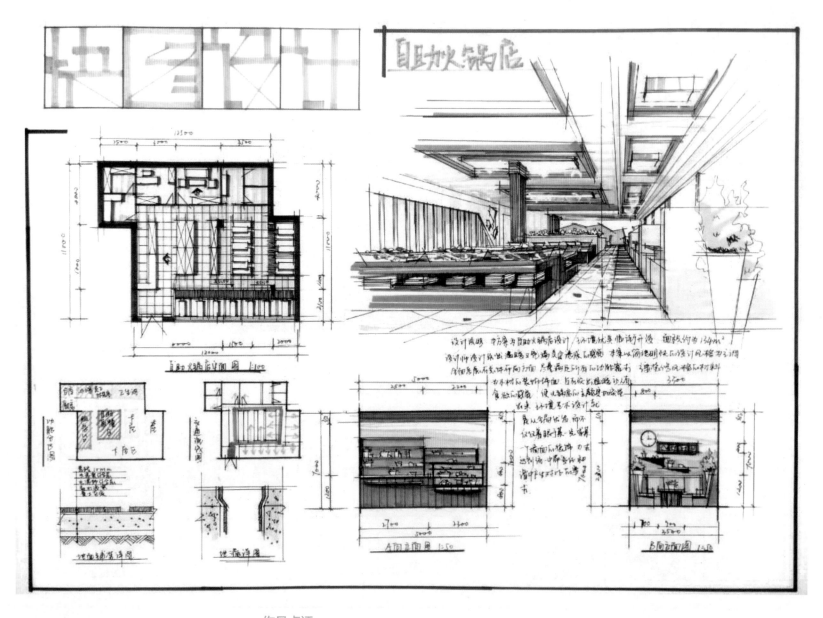

图 8-26 餐饮空间—火锅店设计方案

作品点评

用　　纸　A2素描纸

图纸尺寸　840mm×596mm

表现方法　NEW COLOR 马克笔+中性笔

用　　时　6 小时

该案平面方案纵向交通有些多，应分主次，并明确引导顾客的路线。自助餐饮类空间也应考虑相对私密的备餐间，解决基本的菜品清洗，熟食加工。小办公空间可用隔断式分隔，避免空间上压抑。效果图空间感较强，用色统一，层次丰富。

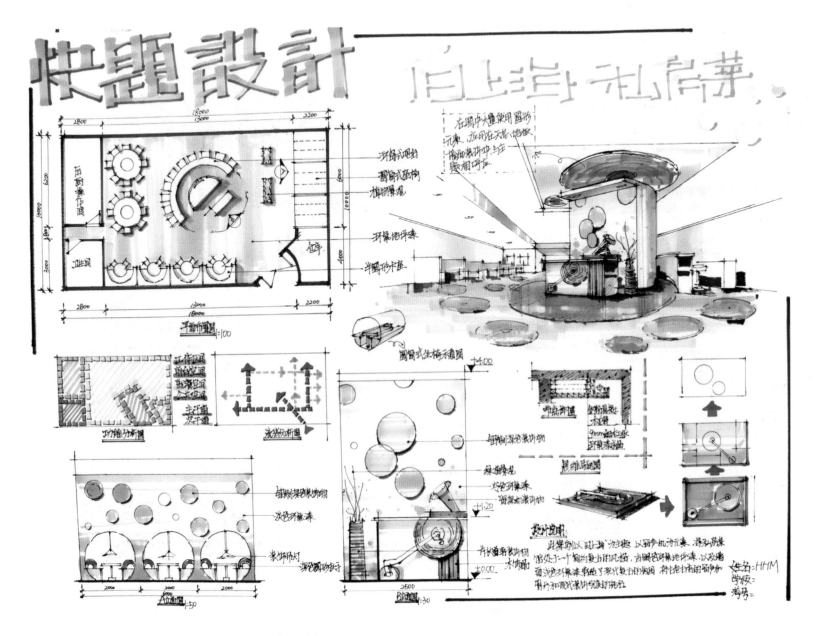

图 8-27 餐饮空间快速设计方案

用　　纸　A2素描纸

图纸尺寸　840mm×596mm

表现方法　NEW COLOR 马克笔+中性笔

用　　时　6小时

作品点评

　　布局稍显浪费空间，曲线吧台内部的功能不确定必要性。仓库入口缺失，建筑应当有窗户。平面家具陈设变化丰富，空间界面与主题更贴合将更好。图面完整丰富，关系较为清楚。

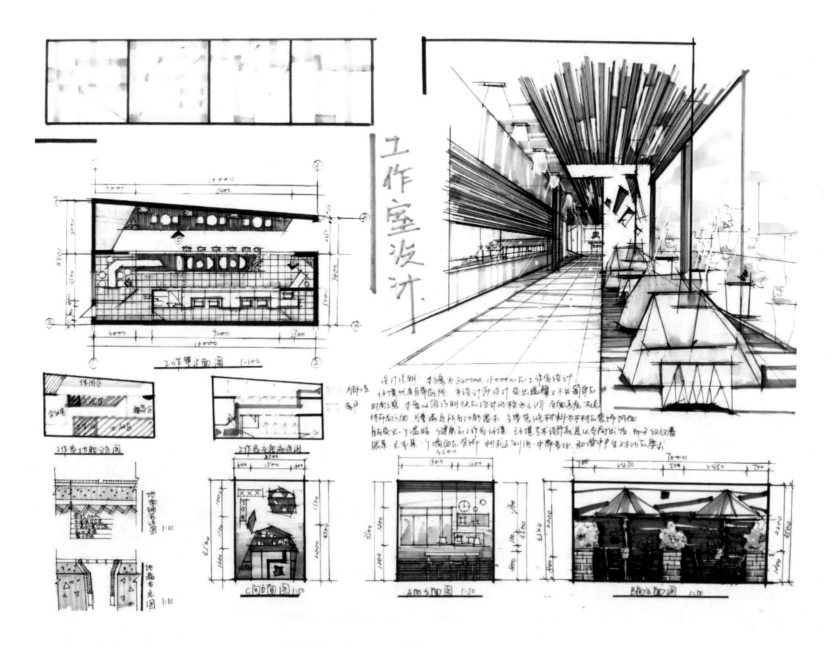

图 8-28 工作室快速设计方案

用　　纸　A2素描纸
图纸尺寸　840mm×596mm
表现方法　NEW COLOR 马克笔+中性笔
用　　时　6 小时

作品点评

　　该案空间划分较好。细节上平面入口前台区域稍显局促，长形办公空间可从中间开一股主交通，独立办公空间陈设不合理。效果图用色统一，关系明确。整体图面一气呵成，细节虽有瑕疵，整体效果较好，陈述的内容清晰且有一定深度，细看耐人寻味。

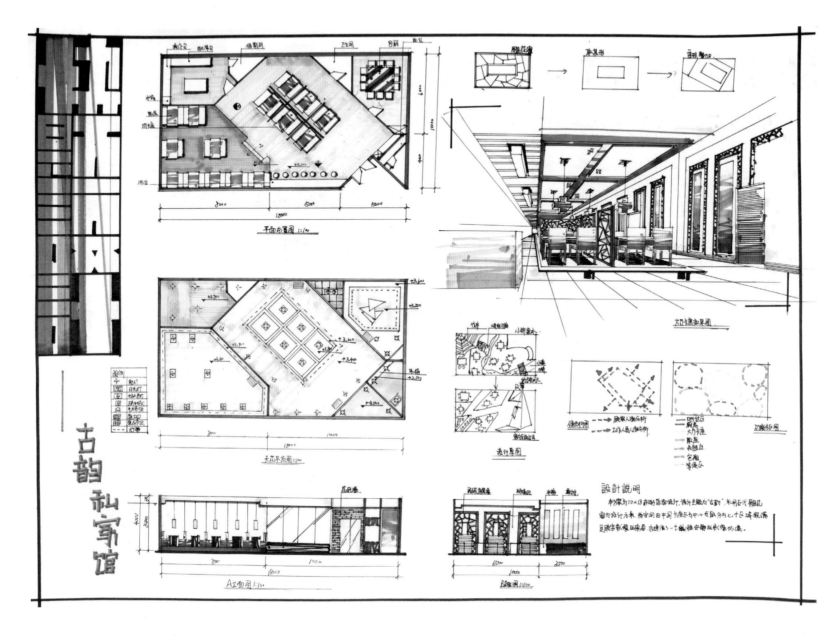

图 8-29 餐饮空间快速设计方案

用　　纸　A2素描纸

图纸尺寸　840mm×596mm

表现方法　NEW COLOR 马克笔+中性笔

用　　时　6 小时

作品点评

　　功能实现上前台空间太小，储藏空间可以开放出来作为公共用餐区的辅助功能区。做上抬空间应充分考虑好边界的处理，目前可考虑将植物或隔断屏风用来分隔上抬的空间。效果图空间感较好。

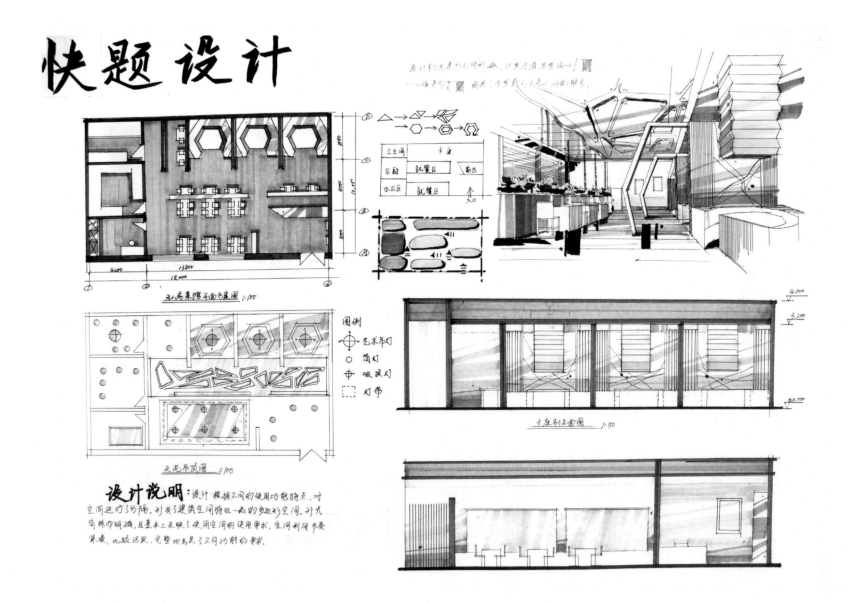

图 8-30 餐饮空间快速设计

用　　纸　A2素描纸

图纸尺寸　840mm×596mm

表现方法　NEW COLOR 马克笔+中性笔

用　　时　6 小时

作品点评

　　布局上大体分区合理，卡座空间显得稍大，私密空间的陈设应考虑交通尺寸和行为心理。吊顶设计如能考虑主次与疏密关系，立面图如能补充好文字数字标识，整体图面效果将会更好。

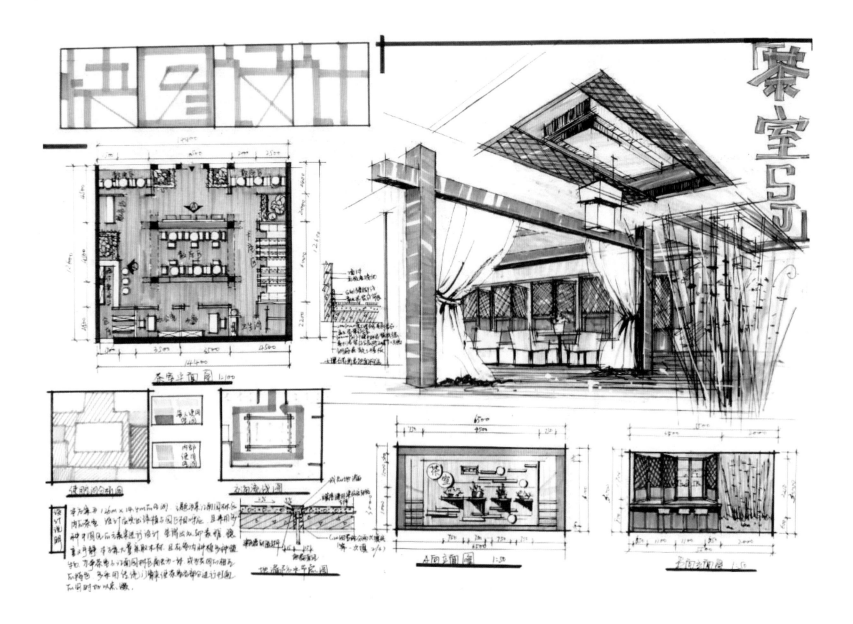

图 8-31 茶室空间快速设计方案

用　　纸　A2素描纸

图纸尺寸　840mm×596mm

表现方法　NEW COLOR 马克笔+中性笔

用　　时　6 小时

作品点评

　　方案布局交通组织较好，空间之间的关系也有一定思考，景观布置也有一定思考。为丰富空间层次可将中间区域抬高。效果图叙述的内容较少，构图上空间感稍微弱了一些。图面内容完整丰富。

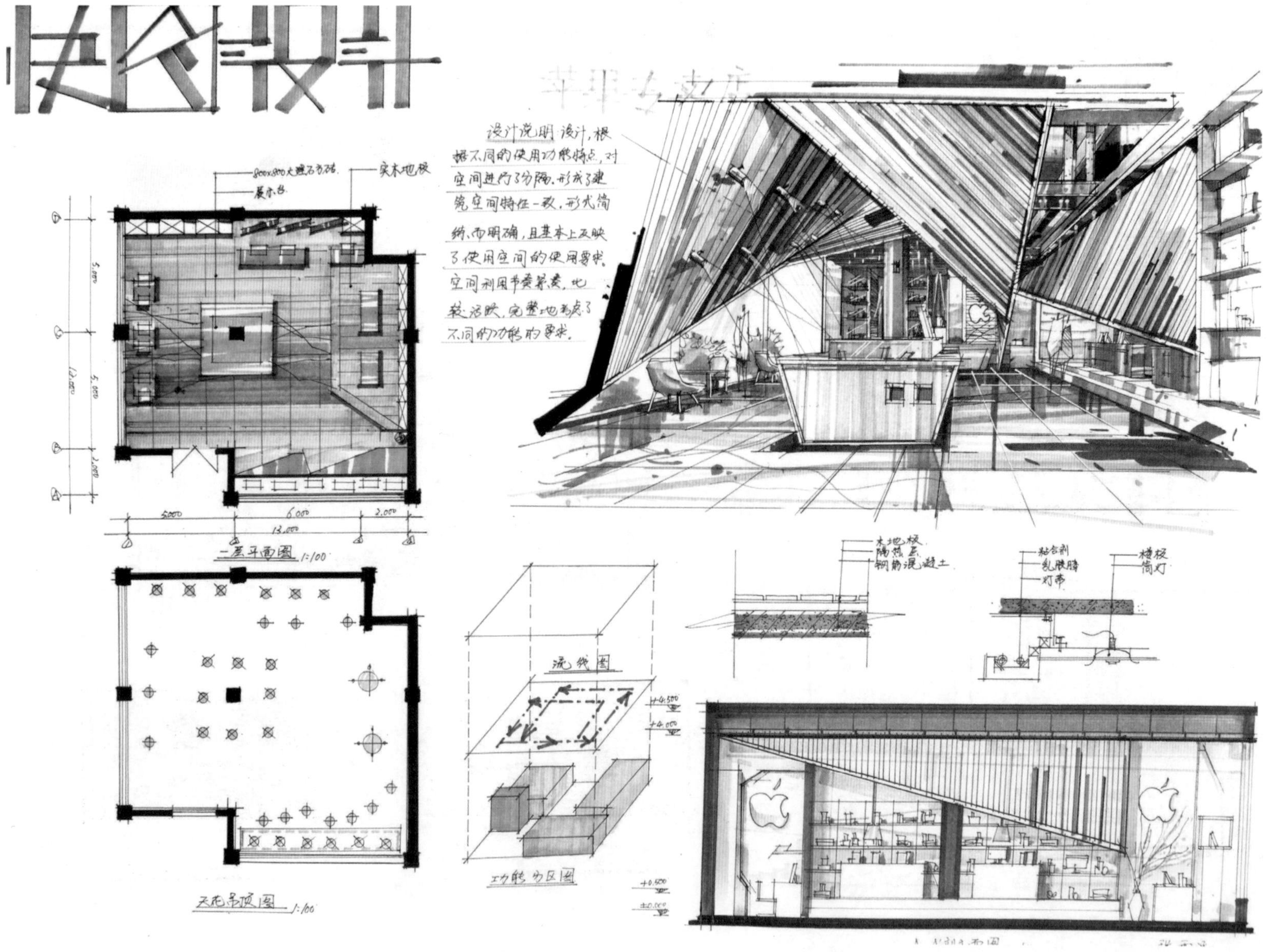

图 8-32 专卖空间快速设计

用　　纸　A2素描纸

图纸尺寸　840mm×596mm

表现方法　NEW COLOR 马克笔+中性笔

用　　时　6小时

作品点评

　　该案平面方案可考虑内部私密空间，作为此类快题可考虑仓库储存，维修等空间。吊顶图应考虑做疏密关系。整体图面的各类标注应更完整一些。效果图如能处理好固有色的黑白灰关系就好。在整体表现上所用颜色和设计方案形式基本能统一起来，明暗关系若对比强烈些会更好。

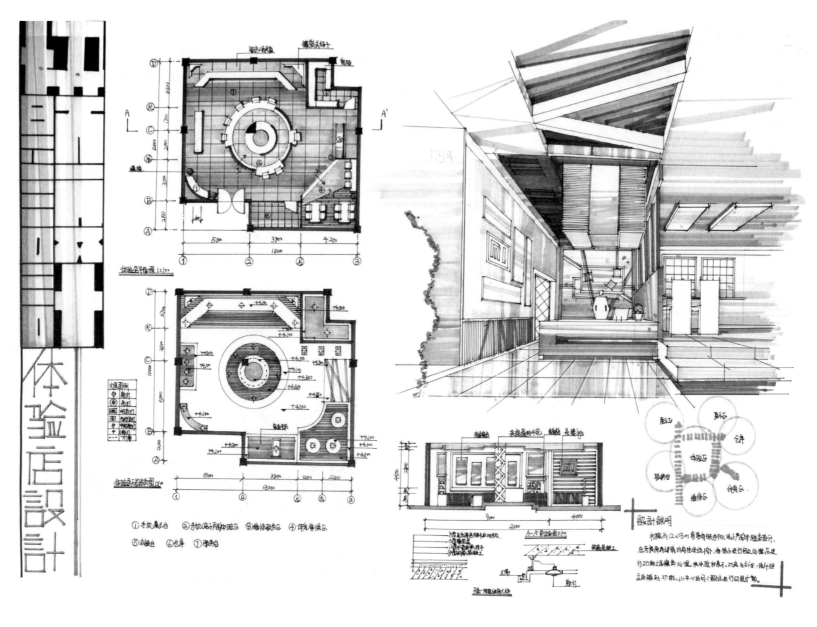

图 8-33 体验店快速设计方案

用　　纸　A2素描纸

图纸尺寸　840mm×596mm

表现方法　NEW COLOR 马克笔+中性笔

用　　时　6小时

作品点评

　　方案布局交通组织较好，空间之间的关系也有一定思考，景观布置也有一定思考。为丰富空间层次可将中间区域抬高。效果图叙述的内容较少，构图上空间感稍微弱了一些。图面内容完整丰富。

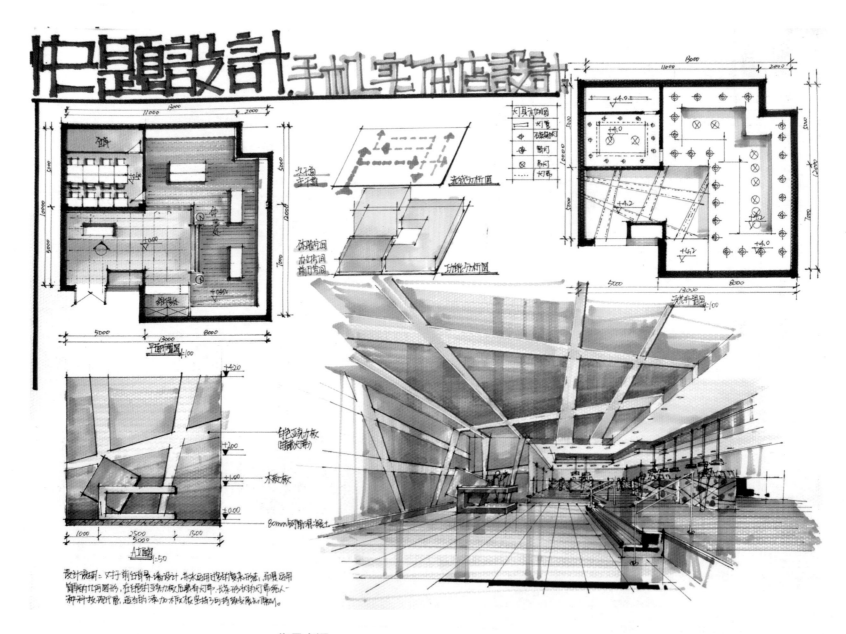

图 8-34 手机专卖店快速设计

作品点评

用　　纸	A2素描纸
图纸尺寸	840mm×596mm
表现方法	NEW COLOR 马克笔+中性笔
用　　时	6 小时

该案办公空间有些拥挤，体验空间应布置两股台阶交通或增加台阶长度，使人在空间中更自由。前台造型有些主次不明，应注意大小对比，效果图空间进深过大，吊顶设计有些平淡，如能在颜色分布上多做一些关联就更好。图面表达上思路清晰，笔法干脆，关系突出，整体来说效果挺好。

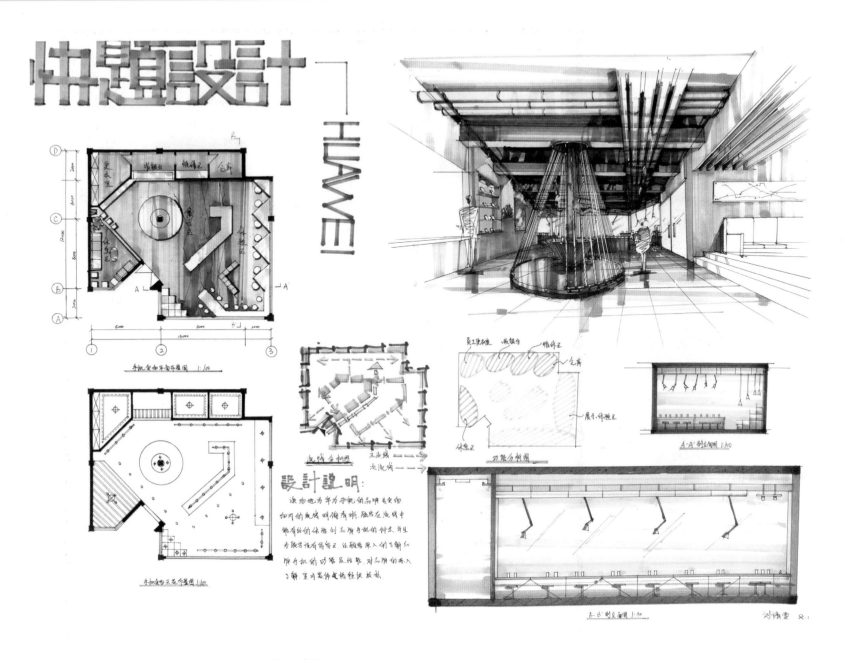

图 8-35 电子体验店快速设计方案

用　　纸　A2素描纸

图纸尺寸　840mm×596mm

表现方法　NEW COLOR 马克笔+中性笔

用　　时　6 小时

作品点评

建筑划分比较协调，体验区应考虑公共性更明显，居中摆放是常规选择。当前折形展台过长会带来交通不便，主次不明等问题。服务台前方空间会妨碍交通线，当前陈列方式不太容易突出其功能。效果图界面设计有一定疏密关系，立面表达再细致一些效果会更佳。

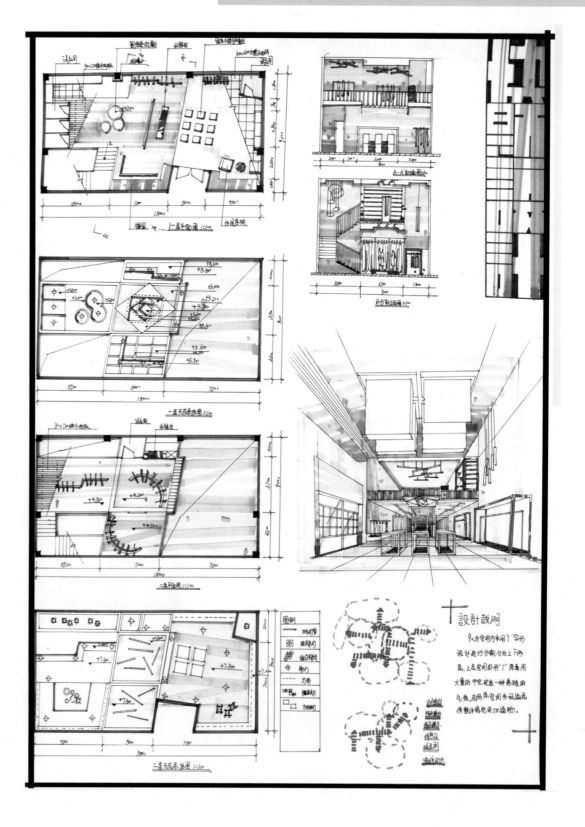

图 8-36 服装店快速设计

用　　纸	A2素描纸
图纸尺寸	840mm×596mm
表现方法	NEW COLOR 马克笔+中性笔
用　　时	6 小时

作品点评

　　该案造型元素稍微显得有些多，导致主次不明，容易出现杂的感觉。在选用元素的时候，首先应结合主要的空间选择主要的元素符号，辅助的元素从位置、形态、大小等方面配合主体内容。效果图空间感较好。

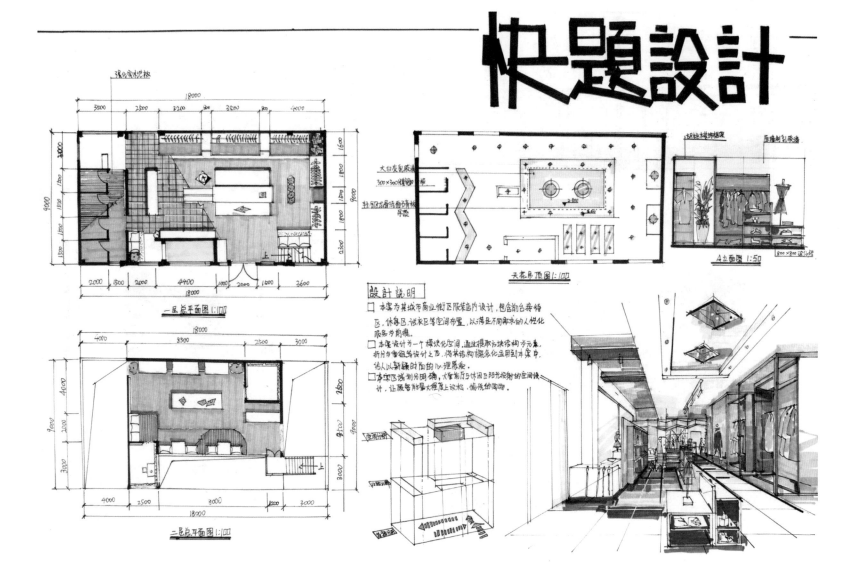

图 8-37 服装店快速设计方案

用　　纸　A2素描纸

图纸尺寸　840mm×596mm

表现方法　NEW COLOR 马克笔+中性笔

用　　时　6 小时

作品点评

平面方案入口交通稍显紧凑，橱窗深度可适当再压缩。二楼楼梯口不应再设门，内部如果空间太小不应零散封闭，可组合设置为区。效果图空间设计较好，如能在界面设计与马克表达上提高一个层次就更好。

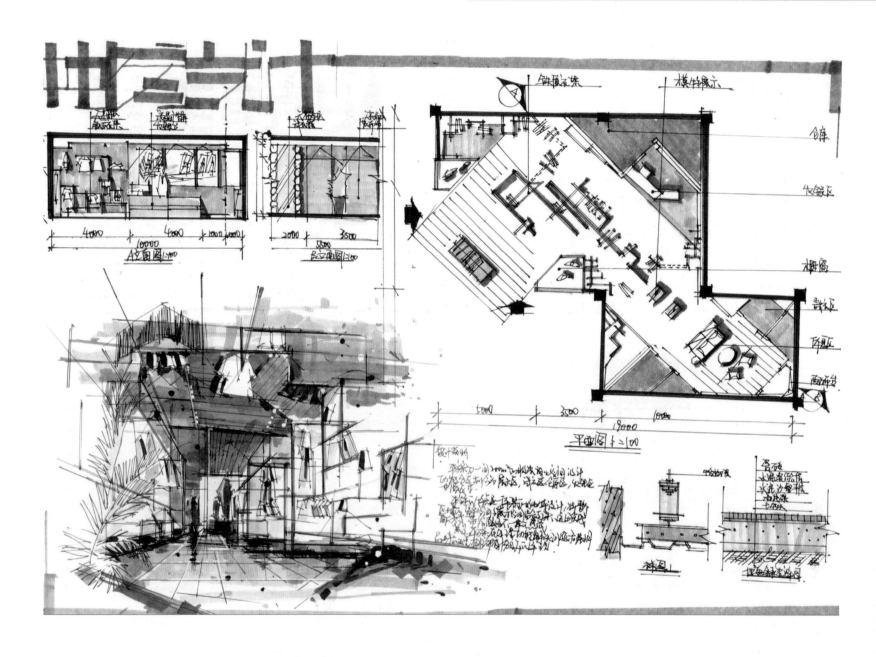

图8-38 服装店快速设计

用　　纸　A2素描纸

图纸尺寸　840mm×596mm

表现方法　NEW COLOR 马克笔+中性笔

用　　时　6小时

作品点评

　　平面布置上充分结合建筑现状，引导出清晰的展示流线。造型铁艺衣架节奏感较强，作为非常规方案布置来说，属于较好的方案思路，基本的主次关系非常明确，引导性极强。试衣区通过巧妙的辅助功能使该区域更加灵活。效果图基本思路交代出来了，如能表达的更清晰就更好。

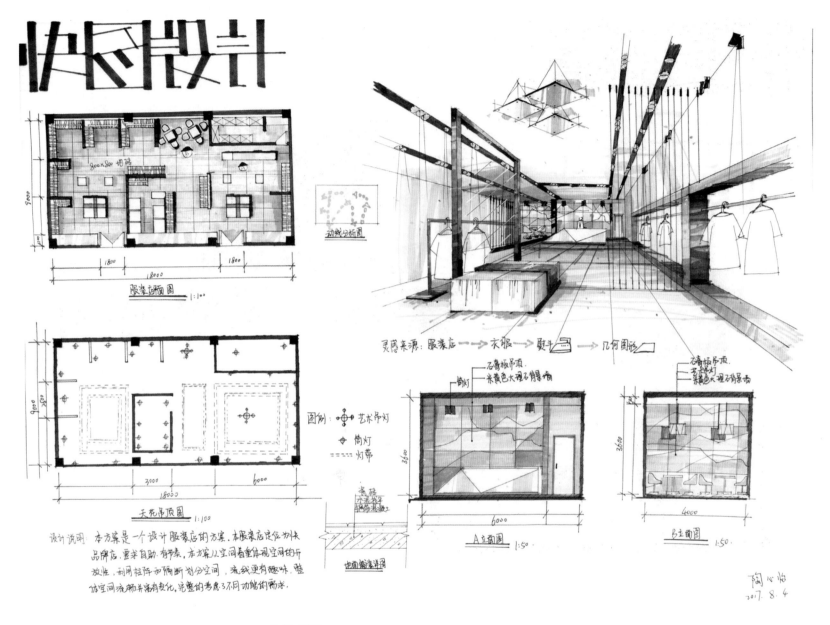

图 8-39 服装店快速设计方案

作品点评

用　　纸　A2素描纸

图纸尺寸　840mm×596mm

表现方法　NEW COLOR 马克笔+中性笔

用　　时　6小时

　　平面建筑划分的表达应充分考虑到空间的开放程度，如橱窗的窗户应留出来，单元空间的隔断不涂黑，这样平面图不会产生空间压抑的感觉。效果表达过程中明暗关系，颜色关系较好。通过巧妙简洁的办法表达出空间的各种关系，达到了四两拨千斤的感觉。

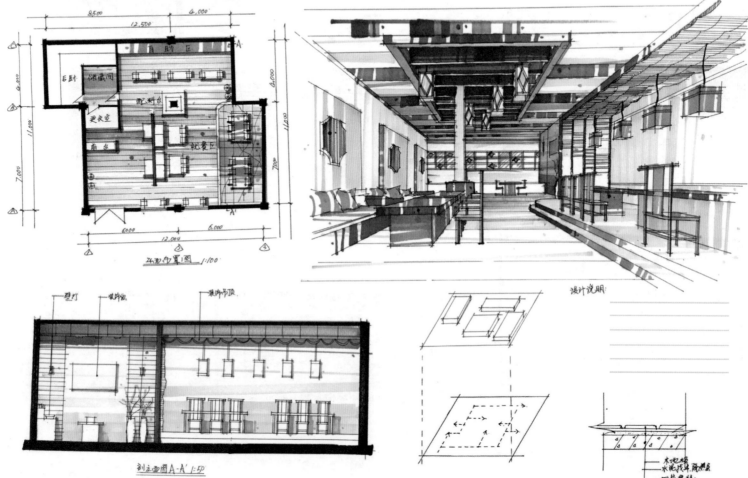

图 8-40 自助餐饮空间快速设计

作品点评

用　　纸　A2素描纸

图纸尺寸　840mm×596mm

表现方法　NEW COLOR 马克笔+中性笔

用　　时　6 小时

平面方案建议将储藏区后移使后厨空间更宽松实用，进入自助区的交通应适当放宽。此方案中集中就餐区可以将餐桌椅放置的更密集一些，使空间有紧凑感，氛围明显。效果图空间感表达出来了，界面疏密关系处理的不够；另如能在颜色搭配上更有层次，效果会更佳。

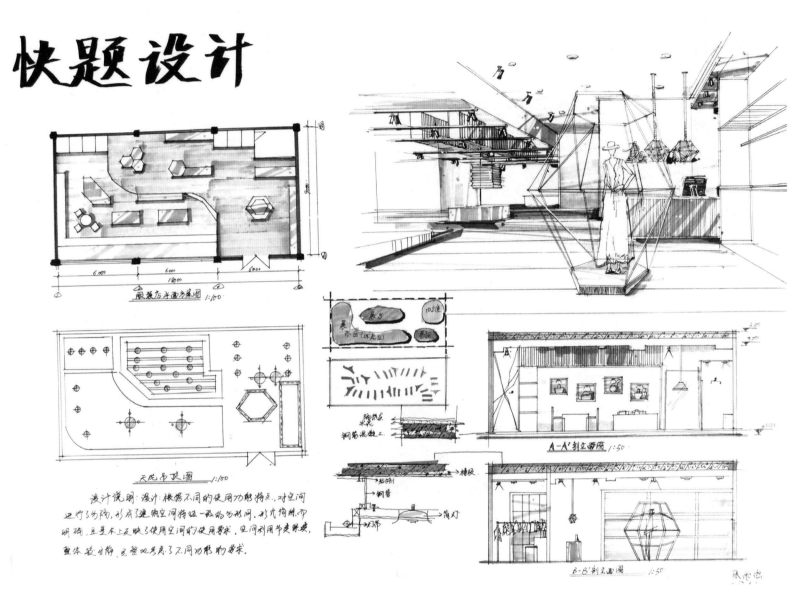

图 8-41 服装店快速设计方案

作品点评

用　　纸　A2素描纸

图纸尺寸　840mm×596mm

表现方法　NEW COLOR 马克笔+中性笔

用　　时　6小时

平面方案稍显零碎，布局时候考虑主次功能再划分各功能区的面积，交流功能与展示功能应分开放置；着色时候不同类的功能应区别对待，避免表达不清晰。效果空间营造有一定效果，选角度时候应考虑主要表达的空间，这种考虑包括主要表达的空间位置远近，是否有背景，空间感是否良好，各空间的面积是否合适。

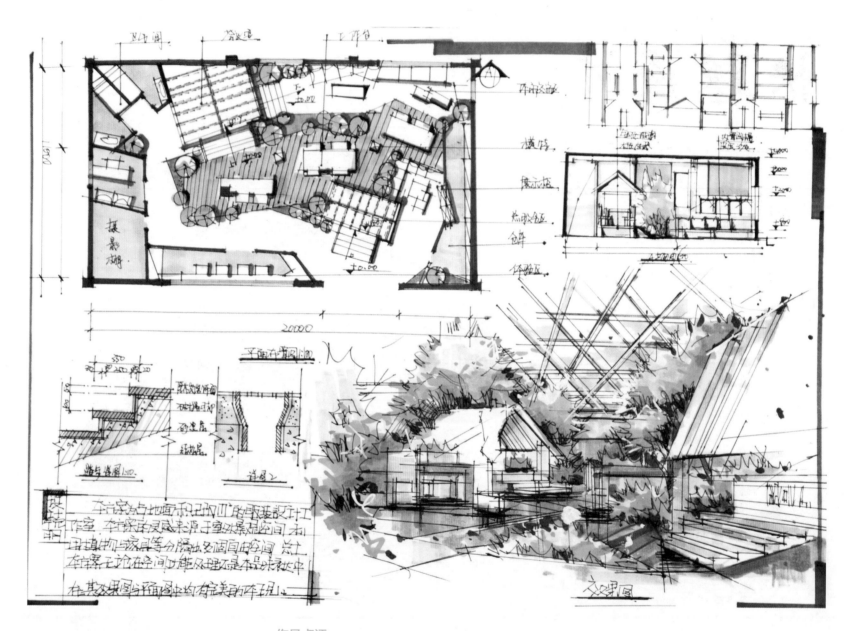

图 8-42 服装设计师工作室快速设计

作品点评

用　　纸　A2素描纸

图纸尺寸　840mm×596mm

表现方法　NEW COLOR 马克笔+中性笔

用　　时　6 小时

平面方案通过交通串联各个空间，此方案中交通面积稍大，组织的逻辑性应深入推敲，岛式办公空间与其周边关系不佳；入口空间稍显拥挤。空间氛围上充分借用植物的围合与景观效果，提高空间的舒适度和个性化。

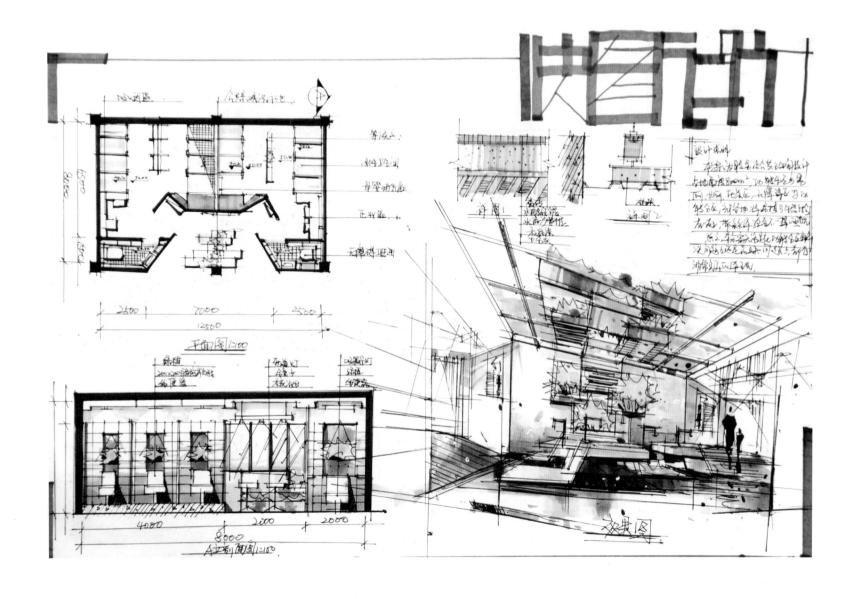

图 8-43 公共卫生间快速设计方案

作品点评

用　　纸　A2素描纸

图纸尺寸　840mm×596mm

表现方法　NEW COLOR 马克笔+中性笔

用　　时　6小时

　　此方案为公共卫生间内部设计，平面布局充分考虑功能与空间的私密需求。并合理设计了残疾人卫生间以及打扫卫生工具存储。效果表达简明扼要，突出表达了入口公共景观，采用明亮的白色加植物排列给人轻松的心理感受。

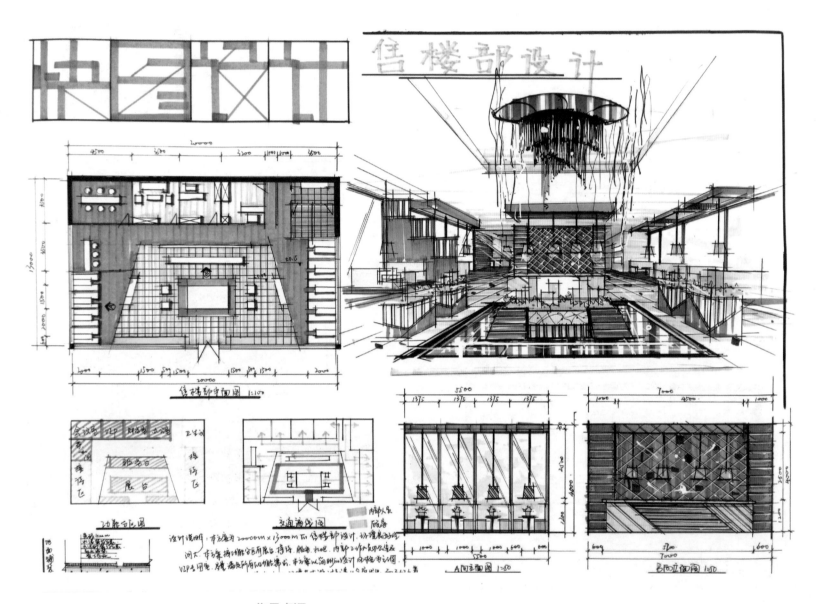

图 8-44 售楼空间快速设计

作品点评

用　　纸　A2素描纸

图纸尺寸　840mm×596mm

表现方法　NEW COLOR 马克笔+中性笔

用　　时　6 小时

　　此方案基本思路较好，主题表达的比较清楚。细节上应注意水吧空间的具体细化，进入其中一个办公室的交通不够便捷，会议交流的区域应注意家具的尺度。

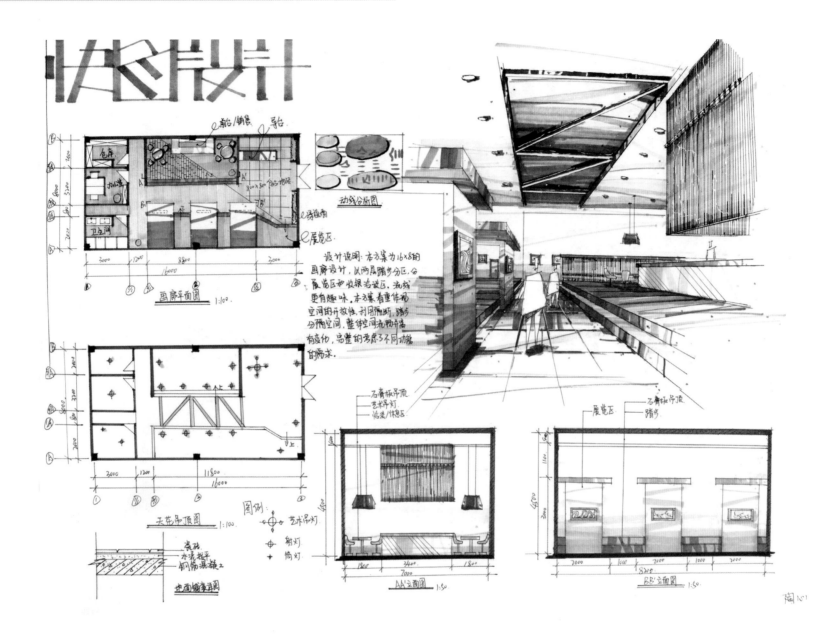

图 8-45 艺术画廊快速设计方案

用　　纸　A2素描纸

图纸尺寸　840mm×596mm

表现方法　NEW COLOR 马克笔+中性笔

用　　时　6 小时

作品点评

　　此方案建筑无窗，内部分隔空间可采用隔断方式，能用玻璃分隔也应当考虑玻璃。划分空间可考虑缩小洽谈空间位置，以增加展示空间的面积。效果图核心空间缺乏细节表达，因此图面不能吸引视觉上长时间的停留。可考虑在吊顶设计上结合疏密关系做出层次丰富的设计，再加上灯具设计，空间更具凝聚力。

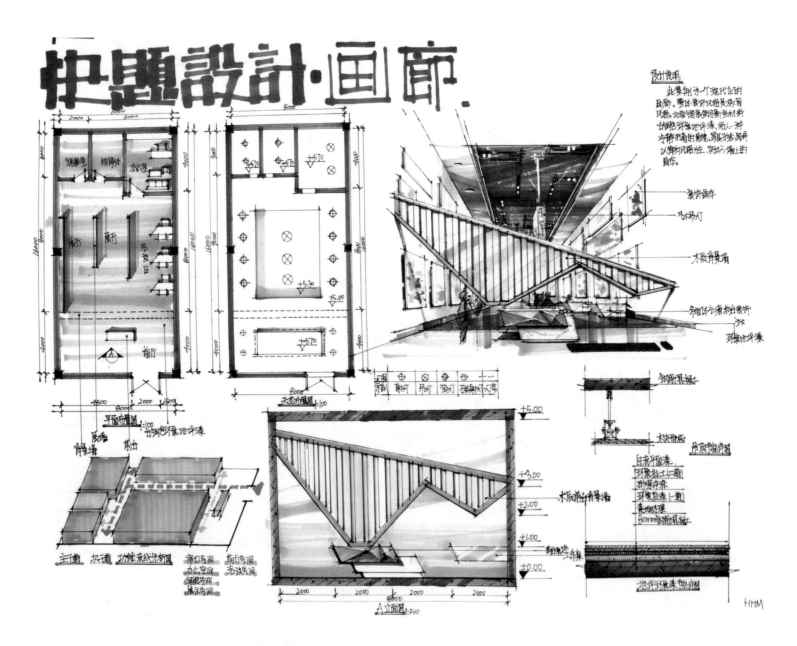

图 8-46 展览空间快速设计

用　　纸　A2素描纸

图纸尺寸　840mm×596mm

表现方法　NEW COLOR 马克笔+中性笔

用　　时　6 小时

作品点评

　　平面方案前厅空间稍显空洞，家具布置应结合该空间的主体功能和辅助功能有序摆放，此前厅空间可考虑做展示、等候、景观等辅助功能，避免单调。透视效果图运用较为夸张的造型乍一看能抓住看图者眼球，建议改变角度尽量表达开阔的，进深感强的空间。

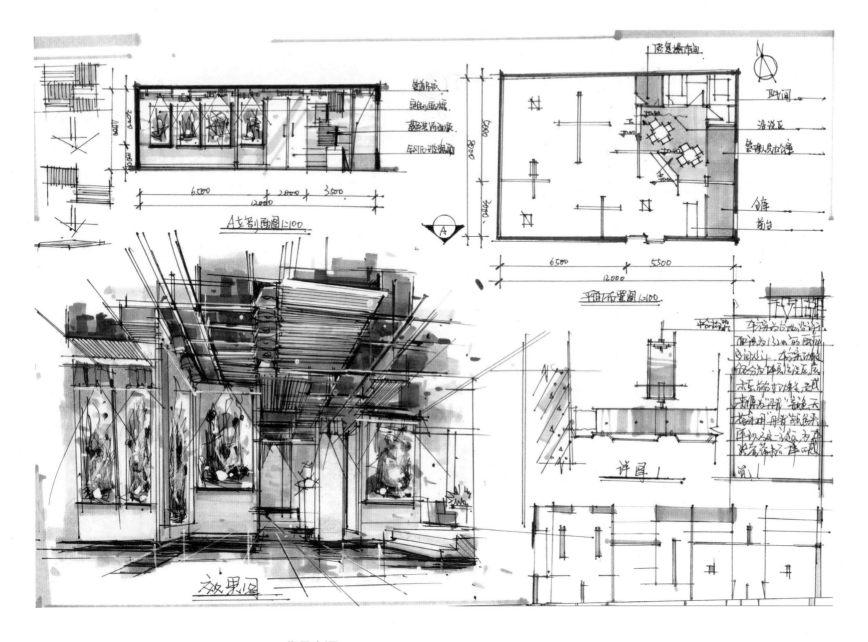

图 8-47 展示空间快速设计方案

作品点评

用　　纸　　A2素描纸

图纸尺寸　　840mm×596mm

表现方法　　NEW COLOR 马克笔+中性笔

用　　时　　6小时

　　展示类快题需要有明确的引导参展的流线，处理时候可通过合理划分空间，引导进入下一展示空间时候应将出入口适当留宽，引导性更强；此方案在这里处理的较好。展示结束时候分两股交通，处理的较为巧妙。效果图空间感有些不足，可考虑选择进深更长的地方表达。效果上如果能将吊顶设计表达的细致些更佳。

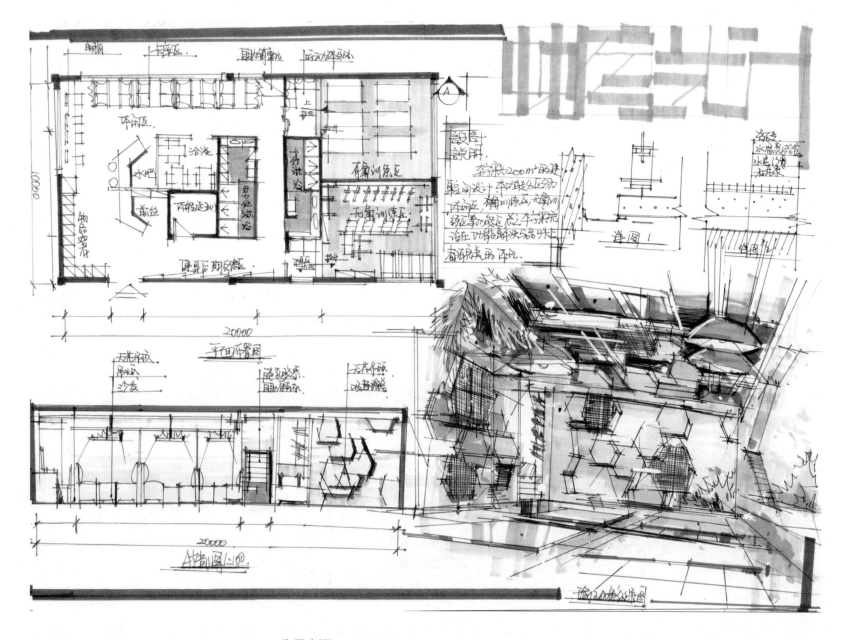

图 8-48 健身俱乐部快速设计

作品点评

用　　纸　A2素描纸

图纸尺寸　840mm×596mm

表现方法　NEW COLOR 马克笔+中性笔

用　　时　6 小时

能划分上建议缩小辅助空间，如卡座、休闲区的面积，从面积上区分吧台与前台的主次。流线上可将洽谈与体能测试互换。有氧运动区的排列可考虑到入口交通空间。效果表达空间感有些弱，细节可再完善。

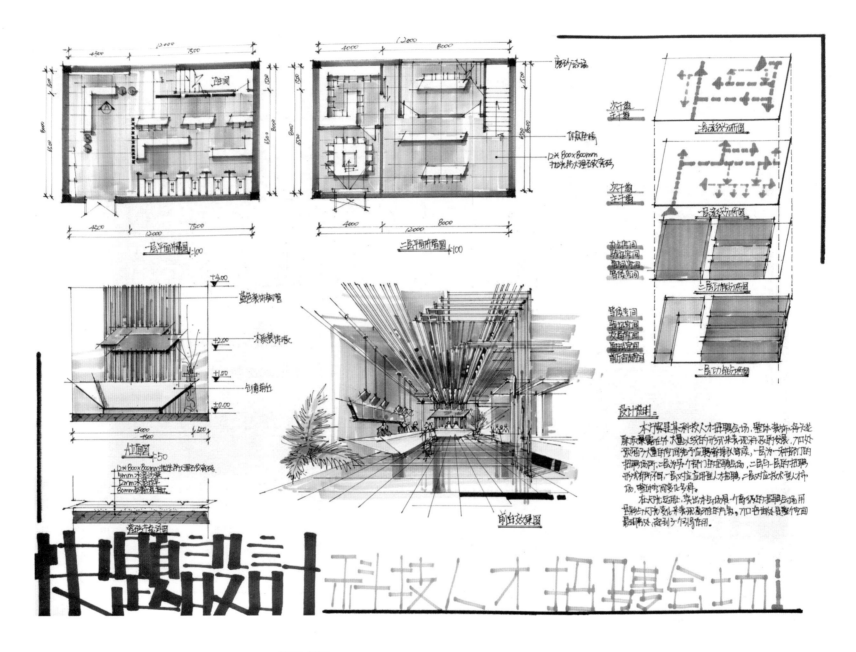

图 8-49 招聘会场快速设计方案

用　　纸　A2素描纸

图纸尺寸　840mm×596mm

表现方法　NEW COLOR 马克笔+中性笔

用　　时　6 小时

作品点评

此方案为招待会场，共绘制两张快题，此为第一张。前台造型与空间属性不符，此类错误也是学员经常出现的问题。应考虑前台对外对内属性，对内应为半开放，对外则是开放空间。可考虑将L型前台镜像后看效果。从功能主次上应区分各L型家具的尺度。另二楼封闭空间有些拥挤。从整体画面来讲，图面色调统一，考虑较为充分，界面设计富有变化，可归类为优秀快题。

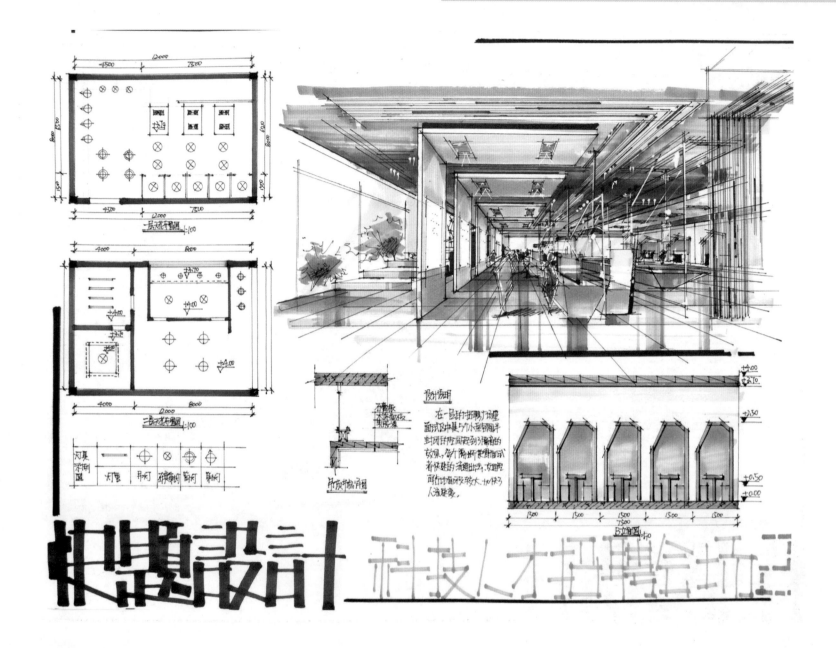

图 8-50 招聘会场空间快速设计

作品点评

用　　纸	A2素描纸
图纸尺寸	840mm×596mm
表现方法	NEW COLOR 马克笔+中性笔
用　　时	6小时

一楼吊顶楼梯处应使用中空符号标示。灯具排布应控制主次疏密。效果图表达空间感充分，主次突出，色调明确，整体效果突出。

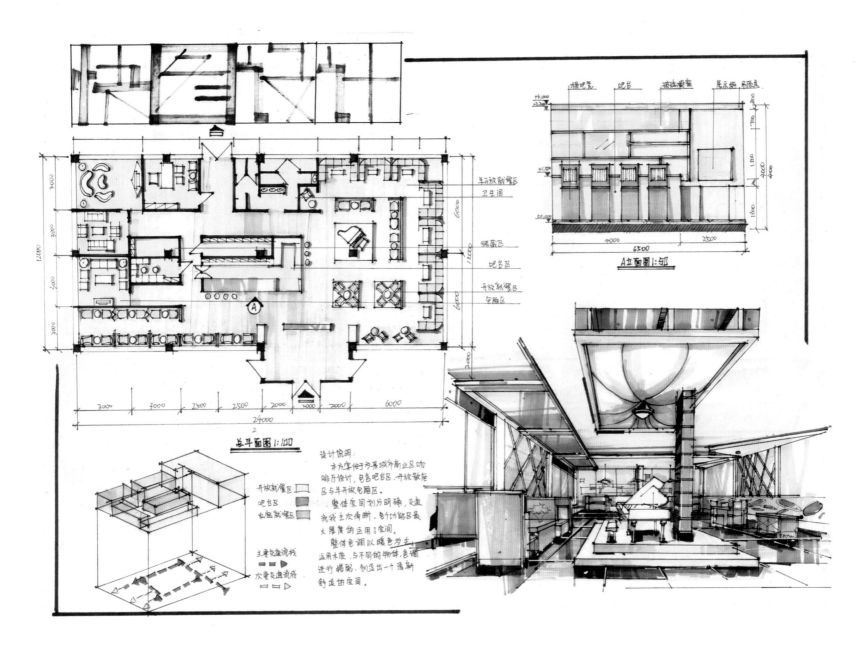

图 8-51 餐饮空间快速设计方案

用　　纸　A2素描纸

图纸尺寸　840mm×596mm

表现方法　NEW COLOR 马克笔+中性笔

用　　时　6小时

作品点评

　　布局上分区合理，主次分明；内部功能区联系紧密，外部空间利用充分。入口采用造景的方式同时达到分流作用。效果图表达方面空间基调明确，冷暖搭配较好。美中不足的是钢琴区吊顶设计与柱子的结合稍微欠缺，另在灯具设计及布置上也应提高，整张图纸表达比较优秀，色彩鲜明，作为考试试卷来讲则是一副优秀作品。

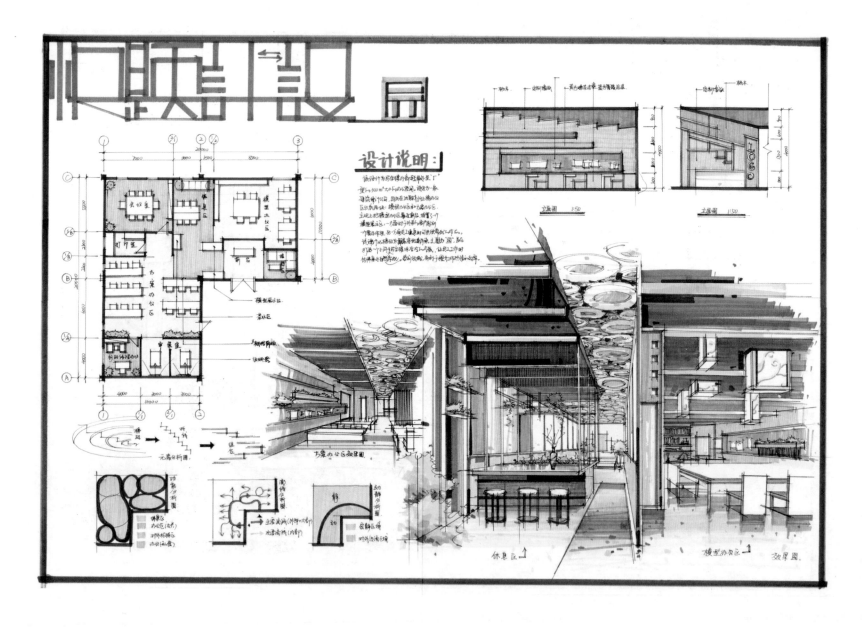

图 8-52 建筑设计师工作室快速设计

用　纸　A2素描纸

图纸尺寸　840mm×596mm

表现方法　NEW COLOR 马克笔+中性笔

用　时　6小时

作品点评

　　布局上交通与各空间的关系较好，比例尺度除接待等候区稍微拥挤外其余把控较好。空间氛围把控上结合主题，表达出严谨而含蓄的空间效果，表达上空间感强，色彩富有变化。画面整体感好，内容丰富。

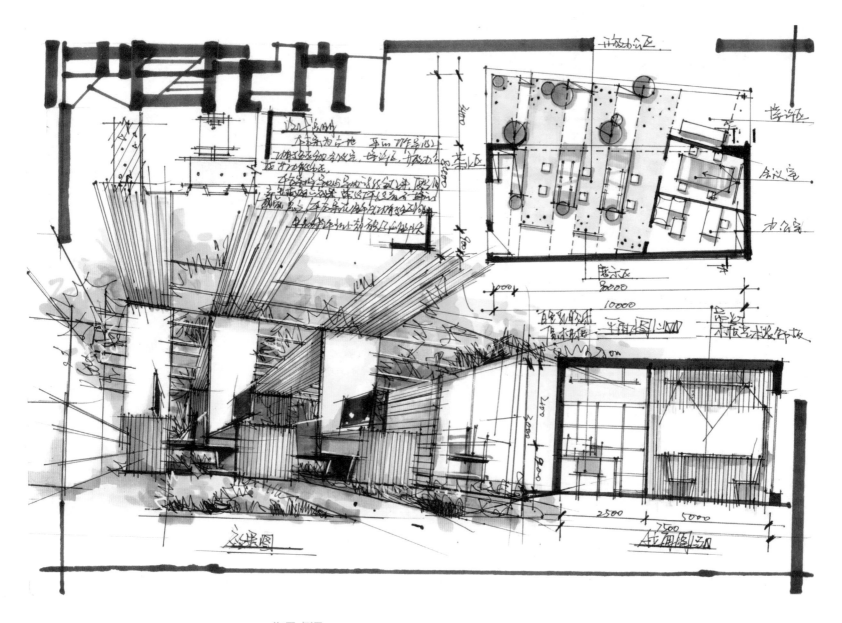

图8-53 办公空间快速设计方案

用　　纸　A2素描纸

图纸尺寸　840mm×596mm

表现方法　NEW COLOR 马克笔+中性笔

用　　时　6小时

作品点评

　　布局上充分利用建筑现状特点，把握了空间的主次功能。当前独立办公室有些拥挤，小空间可考虑隔断式划分空间，放置家具时也应充分考虑空间面积，避免产生拥堵。效果表达时候利用了较好的角度，表达出主体设计意图，整体感好。

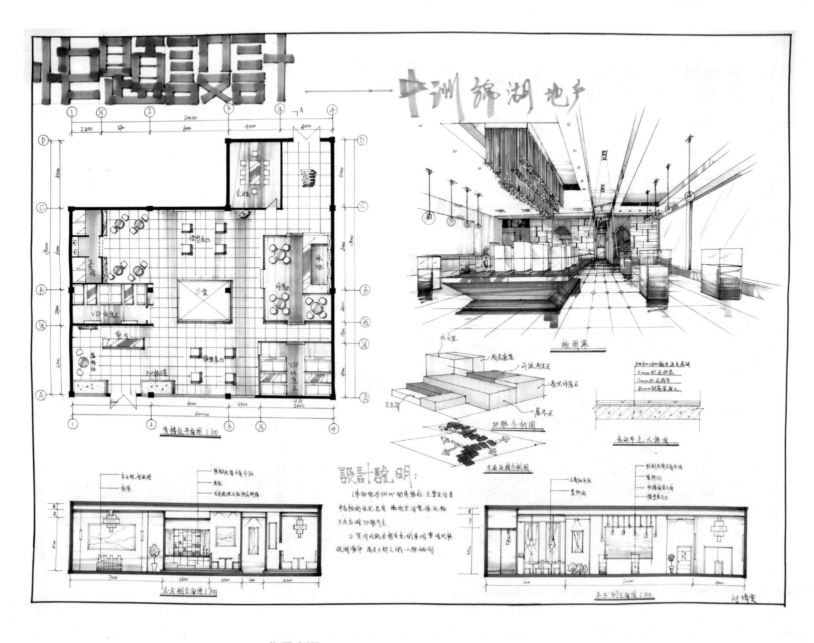

图 8-54 售楼中心快速设计

用　　纸　　A2素描纸

图纸尺寸　　840mm×596mm

表现方法　　NEW COLOR 马克笔+中性笔

用　　时　　6 小时

作品点评

　　平面布局上划分基本合理，洽谈区域的座椅稍微显得零散，流线上应考虑售楼员流线尽早合并到顾客流线。效果图关系清晰，主次分明，空间感较好。在表达上不拘泥细节，概括能力较好，颜色及笔法数量面积精炼，达到四两拨千斤的效果。

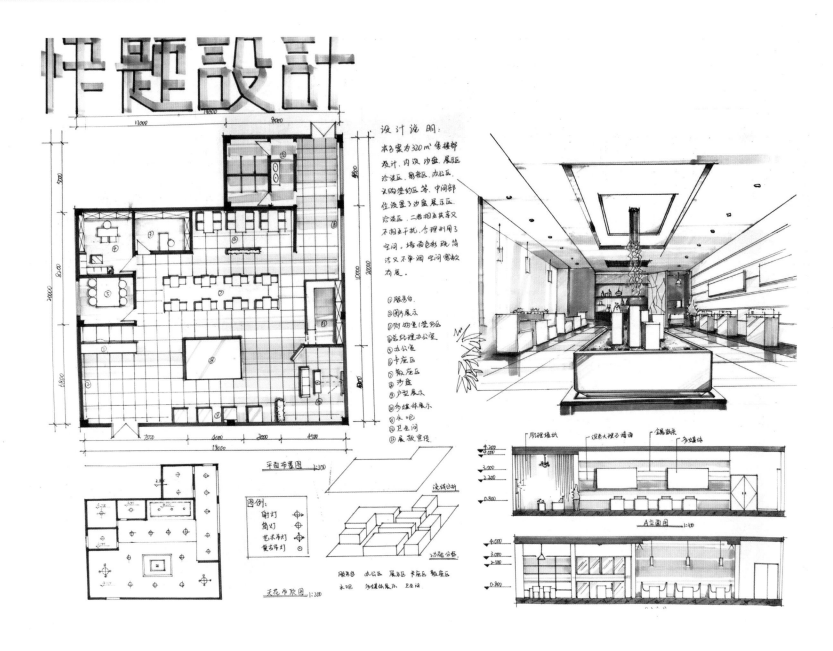

图 8-55 售楼部快速设计方案

用　　纸　A2素描纸

图纸尺寸　840mm×596mm

表现方法　NEW COLOR 马克笔+中性笔

用　　时　6小时

作品点评

　　本售楼部平面方案能兼顾各个功能之间的关系，充分考虑到主功能与辅助空间的关系；较好的组织了顾客与内部人员的流线关系。立面设计稍显空洞，效果表达简洁明快，如能在细节表达上再深入刻画一下，整体效果会更佳。

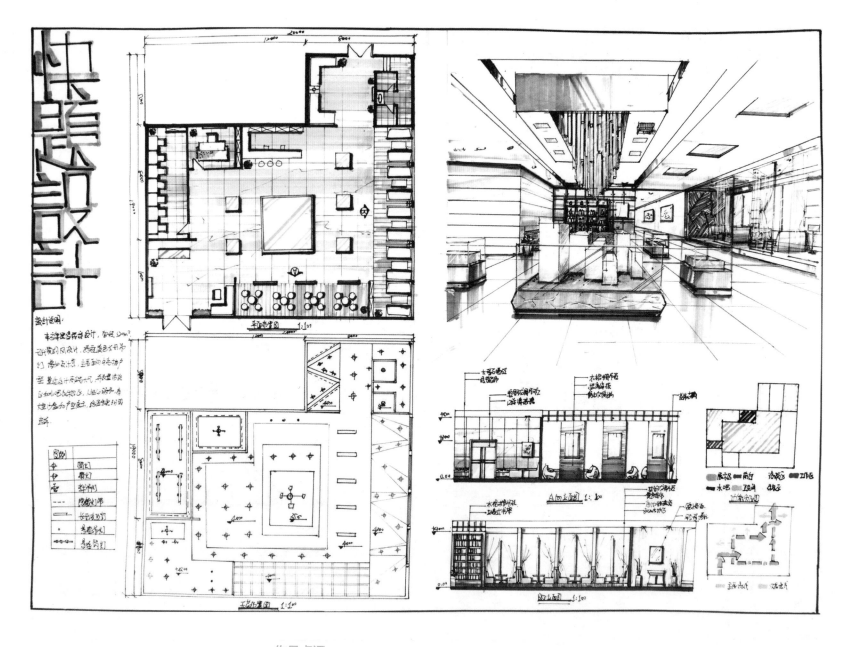

图 8-56 售楼部快速设计

用　　纸　　A2素描纸

图纸尺寸　　840mm×596mm

表现方法　　NEW COLOR 马克笔+中性笔

用　　时　　6小时

作品点评

　　平面布局上洽谈空间稍显单调，员工办公区空间狭长且与顾客流线太远；入口空间服务台可以更长，独立办公室面积较小，不太方便使用。效果表达上主次分明，空间感充分。如果能在界面吊顶上有更多细节，画面效果更佳。

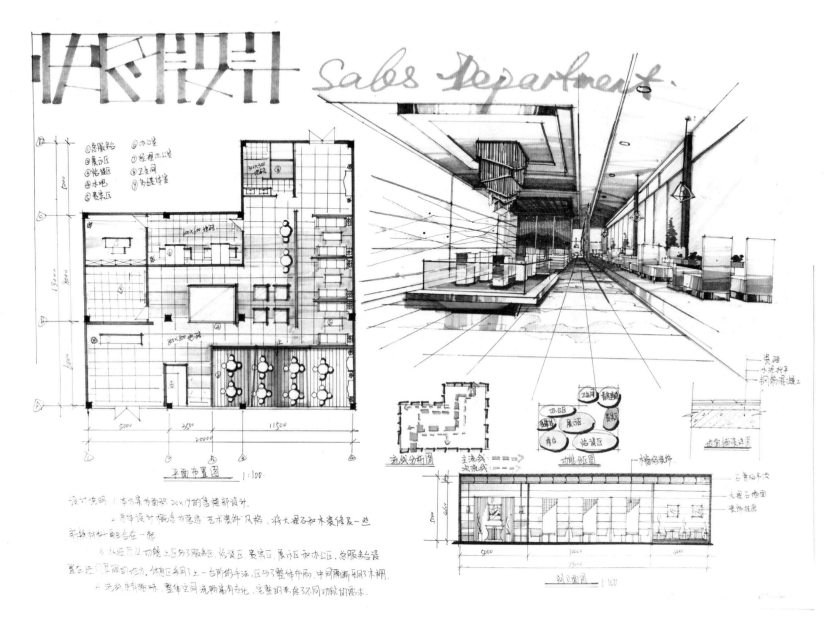

图 8-57 售楼空间快速设计方案

用　　纸　A2素描纸

图纸尺寸　840mm×596mm

表现方法　NEW COLOR 马克笔+中性笔

用　　时　6小时

作品点评

　　区间划分上沙盘展示区域稍显紧凑，比较而言办公区域面积可缩小。保留柱体的处理与功能区的结合有待提高。效果图表达上基本关系明确了，空间感较好，空间的主次关系也比较明确，吊顶的整体感稍微弱了一些。

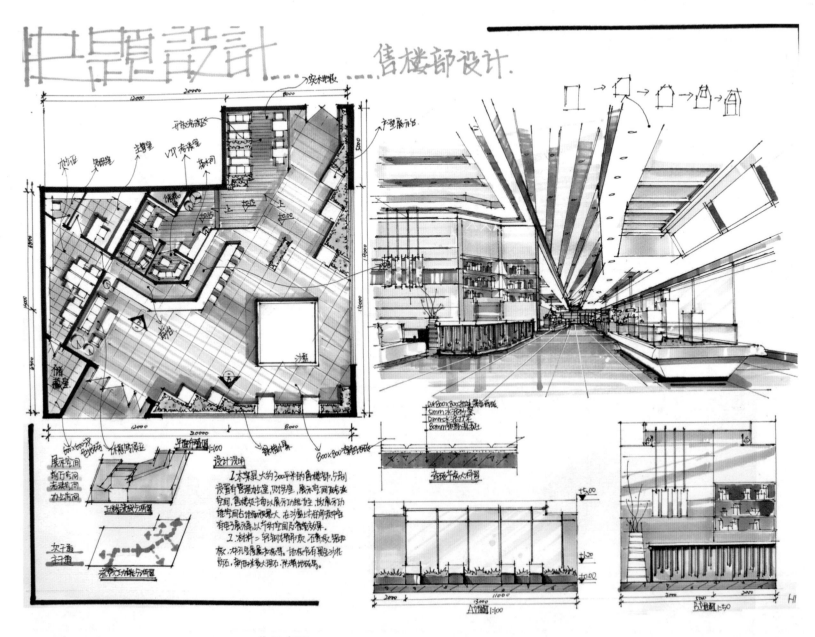

图 8-58 售楼空间快速设计

用　　纸　A2素描纸

图纸尺寸　840mm×596mm

表现方法　NEW COLOR 马克笔+中性笔

用　　时　6 小时

作品点评

平面方案布局上有些失衡，前台与水吧结合后体量太长，带来其他功能空间的交通不够便捷。立面表达清晰简洁，主体突出。效果图吊顶造型夸张，空间主次疏密关系较好；关系清晰，空间感充分，笔法娴熟，整体可归为优秀快题之类。

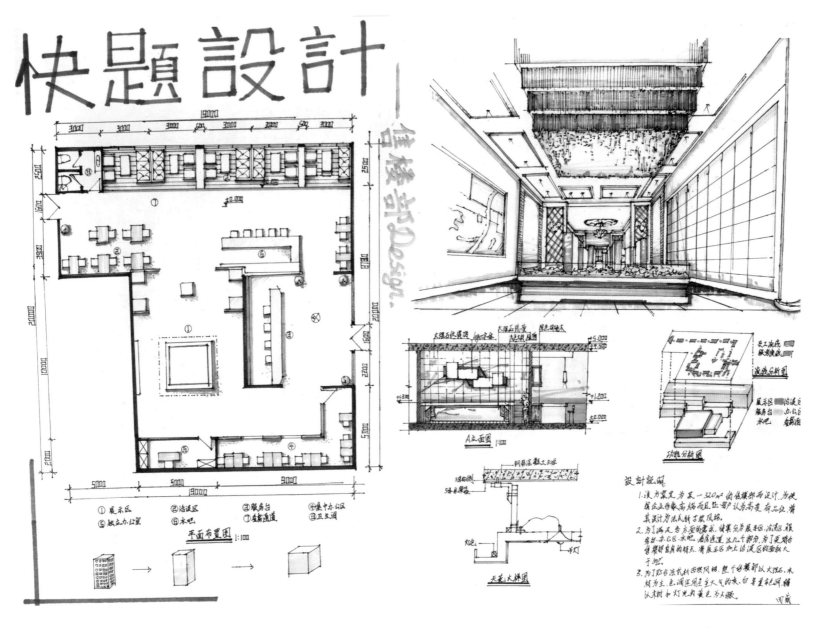

图 8-59 餐饮空间快速设计方案

作品点评

用　纸　A2素描纸

图纸尺寸　840mm×596mm

表现方法　NEW COLOR 马克笔+中性笔

用　时　6小时

　　方案布局上沙盘区与入口的关系不够明确，无论直接还是间接，应考虑顾客进入后可以看到沙盘。将户型展示区独立出来的思路可行，也应保障户型展示区的合理性，目前不太方便使用。效果图简洁明确，如能在细节上有更多出彩的地方，整体效果会更好。

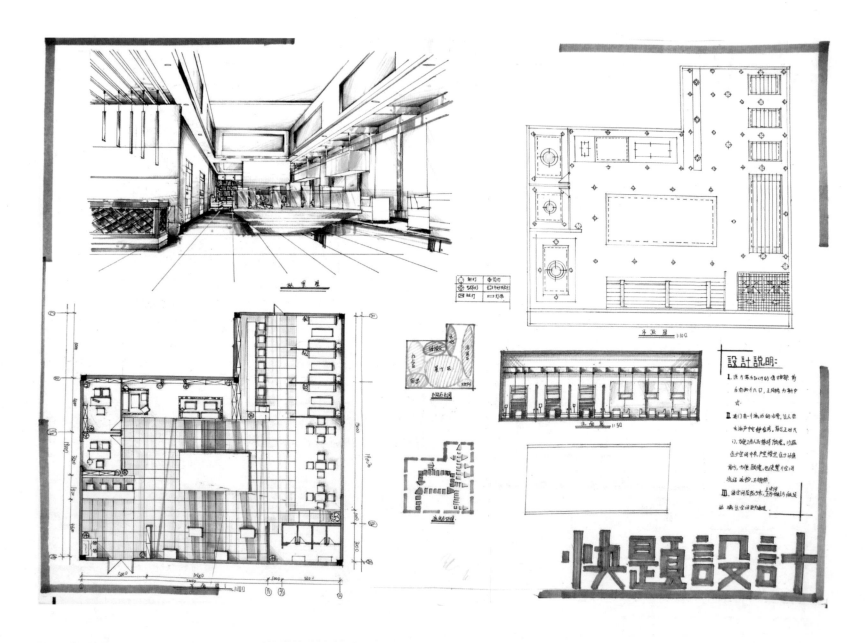

图 8-60 售楼空间快速设计

用　　纸　A2素描纸

图纸尺寸　840mm×596mm

表现方法　NEW COLOR 马克笔+中性笔

用　　时　6 小时

作品点评

　　空间布局上洽谈区与展示区可再整合，效果图主要表达的沙盘区可通过该区的吊灯增加装饰效果；界面上内容和层次较好。整体图面表达规范和表达要素稍微欠缺，如各类尺寸标注，立面材质标注，标高等。

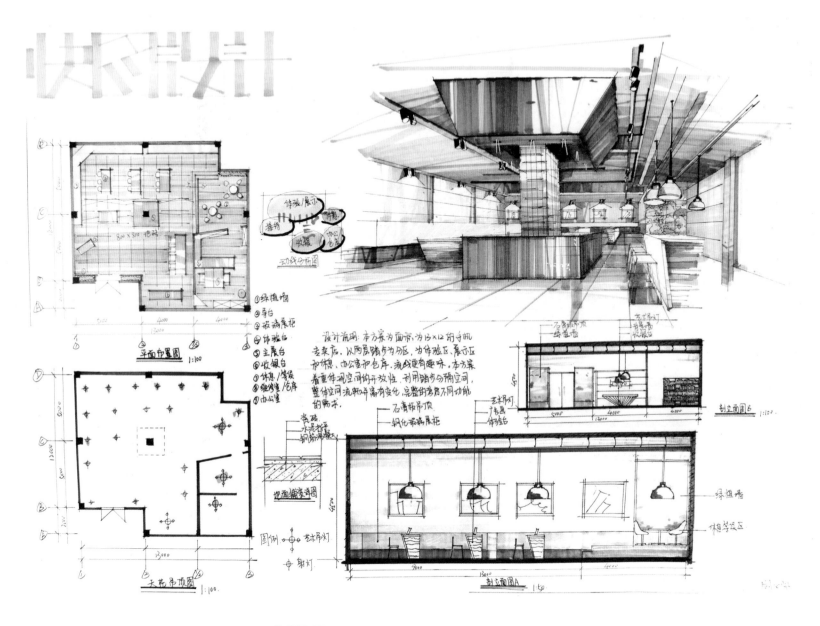

图 8-61 展示空间快速设计方案

用　　纸　A2素描纸

图纸尺寸　840mm×596mm

表现方法　NEW COLOR 马克笔+中性笔

用　　时　6小时

作品点评

　　平面方案各空间边界处理较弱，吊顶图表达层次少，标高缺失，未能通过吊顶设计表达出对应空间。效果图空间感较好，明暗关系基本明确，界面划分较弱也导致分配颜色种类单一，冷暖孤立。从排版来说，同类图如立面应使用相同比例，并列放置。

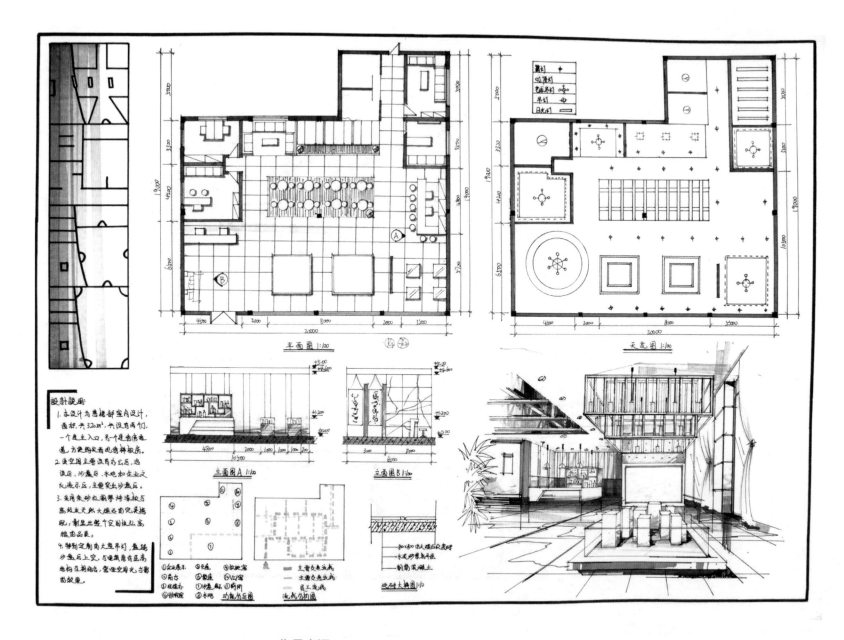

图 8-62 售楼部快速设计

用　　纸　A2素描纸

图纸尺寸　840mm×596mm

表现方法　NEW COLOR 马克笔+中性笔

用　　时　6小时

作品点评

平面排布横向交通过多导致空间利用率较低，可以考虑功能空间的位置置换。沙盘展示与户型展示属于直接关系，此处无需隔断。表达要素上吊顶图缺乏标高，立面缺乏材质标注。效果图空间感较好，近景离人太近，顶面造型可优化。

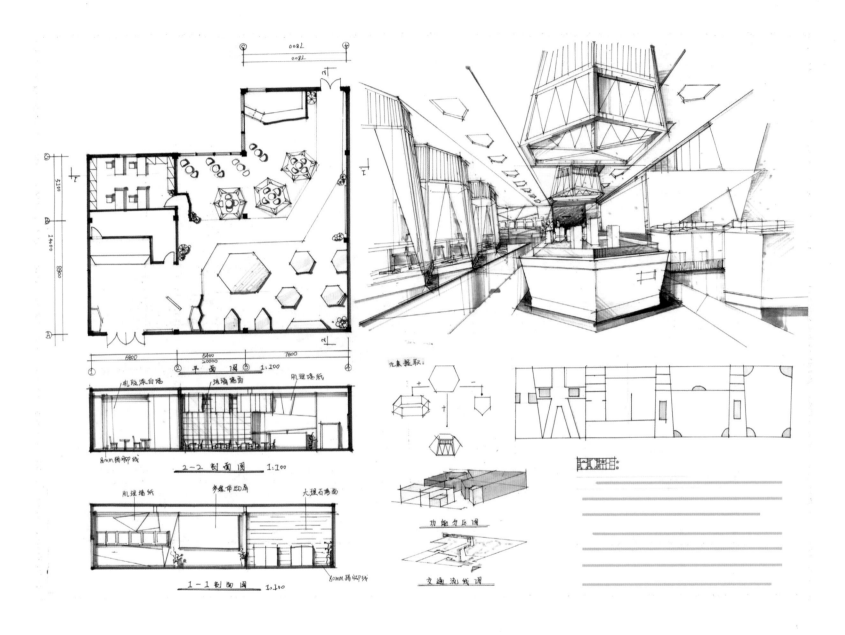

图 8-63 售楼空间快速设计方案

用　　纸　A2素描纸

图纸尺寸　840mm×596mm

表现方法　NEW COLOR 马克笔+中性笔

用　　时　6 小时

作品点评

　　平面形态结合稍显突兀，细节上前台空间过于封闭，散座洽谈区可以再整合一下。剖面图前后关系较好，疏密协调。效果表达空间感强，造型上有呼应关系，用色概括简练，关系明确，若能在灯具布置上再下功夫效果更佳。

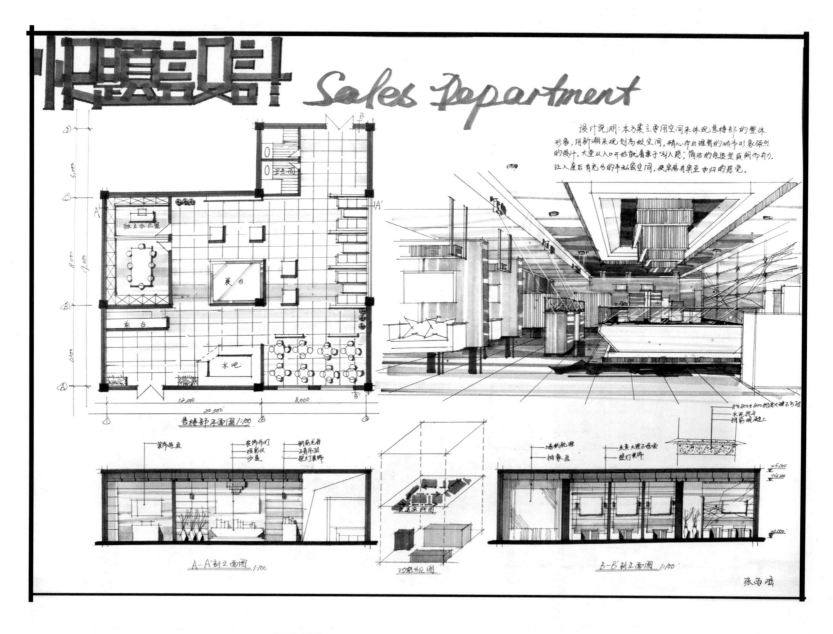

图 8-64 售楼空间快速设计

用　　纸　A2素描纸
图纸尺寸　840mm×596mm
表现方法　NEW COLOR 马克笔+中性笔
用　　时　6 小时

作品点评

　　从空间的开放程度上来说，办公会议空间应明亮有窗；沙盘区域周边交通可适当扩大。分析图内容有些单一，表述不是很恰当。效果图空间感强，内容较为丰富，各类衬托关系都较为明确，表达上简练肯定，主次分明。

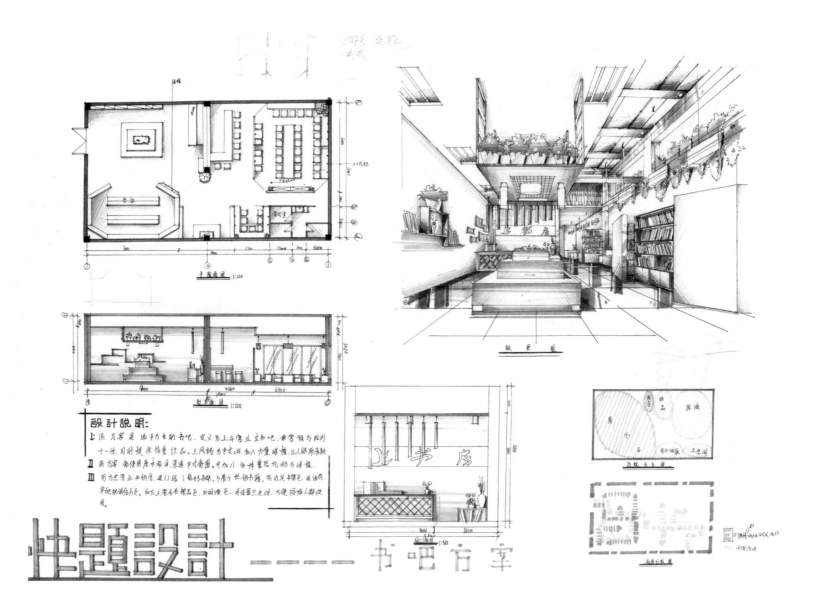

图 8-65 阅读空间快速设计方案

用　　纸　A2素描纸

图纸尺寸　840mm×596mm

表现方法　NEW COLOR 马克笔+中性笔

用　　时　6 小时

作品点评

　　功能区布置时候应考虑较大的陈列与阅读区靠近，当前划分有些碎。立面的整体性有提升空间，效果图主要景观内容上有些欠缺，整体空间感较好，层次丰富，色调明确，空间氛围较好。

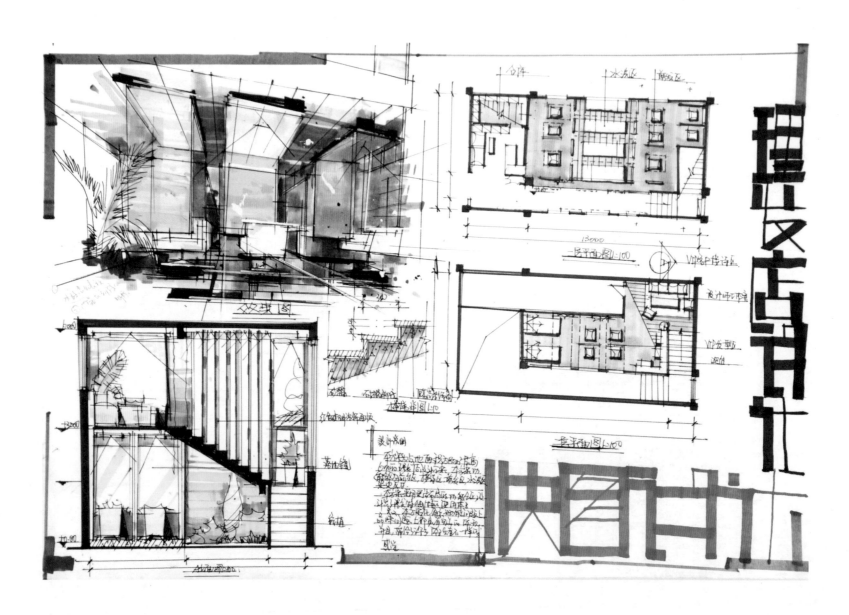

图 8-66 美发沙龙快速设计

用　　纸　A2素描纸
图纸尺寸　840mm×596mm
表现方法　NEW COLOR 马克笔+中性笔
用　　时　6 小时

作品点评

　　功能划分上可将次要空间洗头区放置在次要位置，保障剪发区的整体性。空间利用上二楼狭长空间不太好使用，二楼与一楼的空间关联上较弱。效果图用色明快，大关系较好，如能有一些细节画面效果更好。

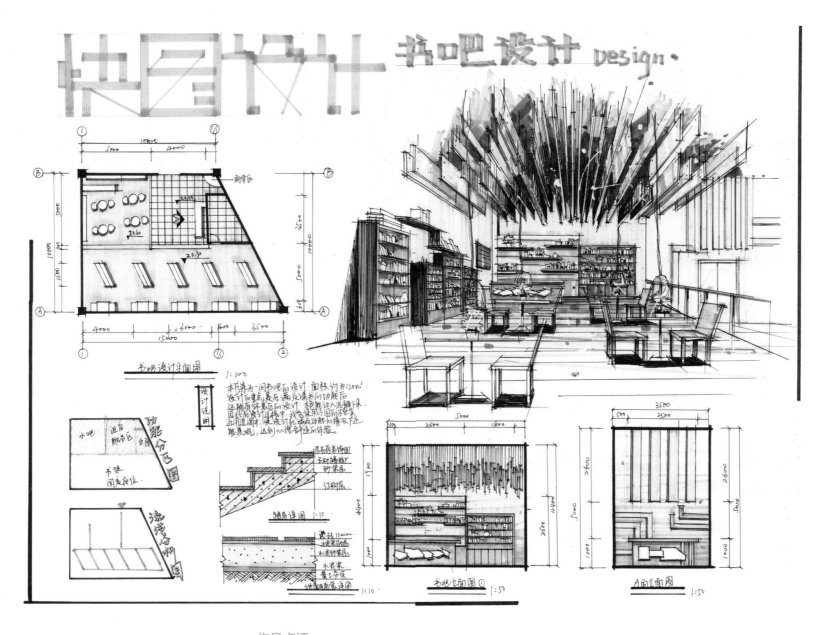

图 8-67 书吧空间快速设计方案

用　纸　A2素描纸

图纸尺寸　840mm×596mm

表现方法　NEW COLOR 马克笔+中性笔

用　时　6小时

作品点评

　　布局上应当更加注重交通与各功能空间的组织关系。从空间利用角度来说书架陈列区可提高使用率。立面设计不够整体，文字标注欠缺。效果图视觉冲击力强，色调统一，表达技法娴熟，氛围较好，若把标注及详细材质写明缺，试卷为一副优秀作品。

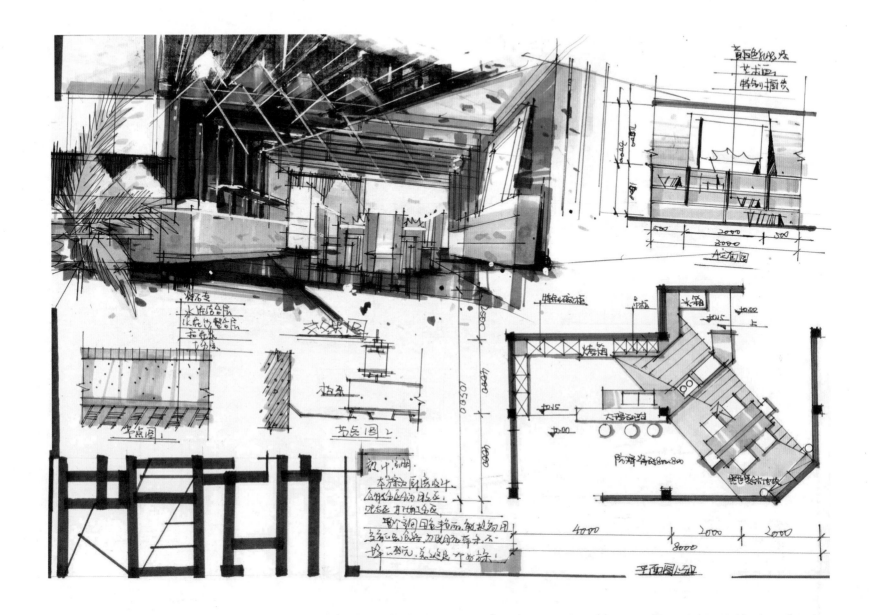

图 8-68 局部家居空间快速设计

用　　纸　　A2素描纸

图纸尺寸　　840mm×596mm

表现方法　　NEW COLOR 马克笔+中性笔

用　　时　　6 小时

作品点评

　　较好的处理了厨房与餐厅的交通关系，比例较好，进入空间的缓冲空间稍微有些弱。效果图用色明快，视觉冲击力强。整体表达手法娴熟，笔法简练肯定，明暗与色彩关系把握较好。

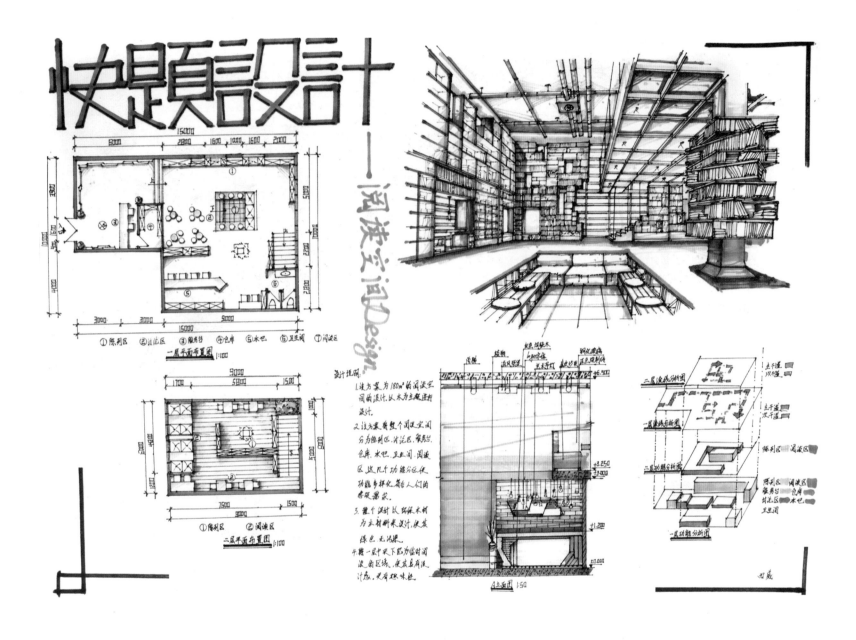

图 8-69 书吧快速设计方案

作品点评

用　　纸　A2素描纸

图纸尺寸　840mm×596mm

表现方法　NEW COLOR 马克笔+中性笔

用　　时　6 小时

　　空间划分上没有较好的处理保留柱子与周围空间的关系，水吧的内外功能关系稍微有些弱。细节上一楼下沉阅读区的必要性因为面积太小值得商榷，二楼楼梯口交通稍微有些拥挤。效果图空间感较好，色调统一，如能补充一些绿植，顶灯等空间效果会更好。

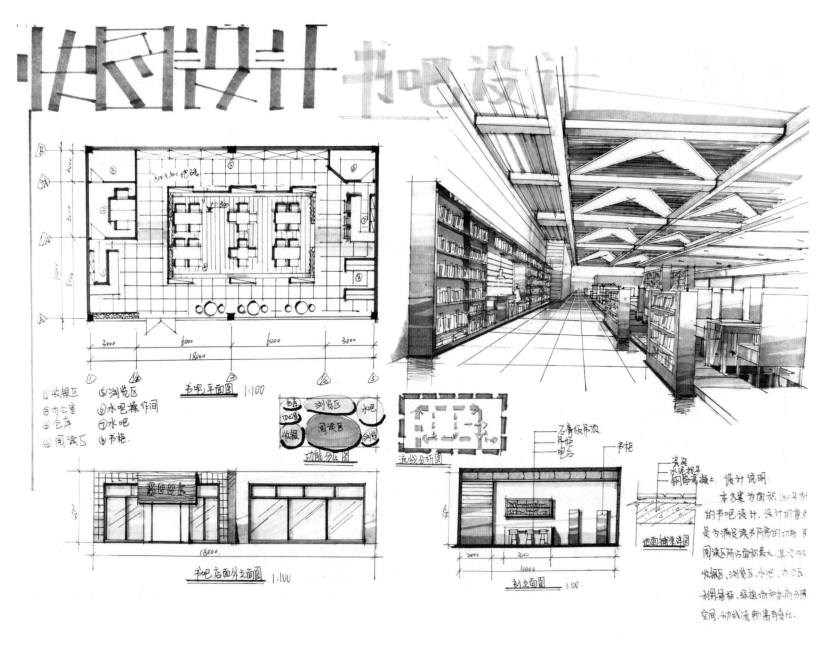

图 8-70 阅览空间快速设计

作品点评

用　　纸　　A2素描纸

图纸尺寸　　840mm×596mm

表现方法　　NEW COLOR 马克笔+中性笔

用　　时　　6小时

平面布局上各功能分析较为完善，如果能通过家具尺度或形态强调服务台与水吧区域吧台，内部人员使用的空间将有一定主次关系。阅读区的桌椅尺度可适当缩小，适当增加陈列位置。从效果表达方面来讲色调明确，空间感好，整体图面效果较好。

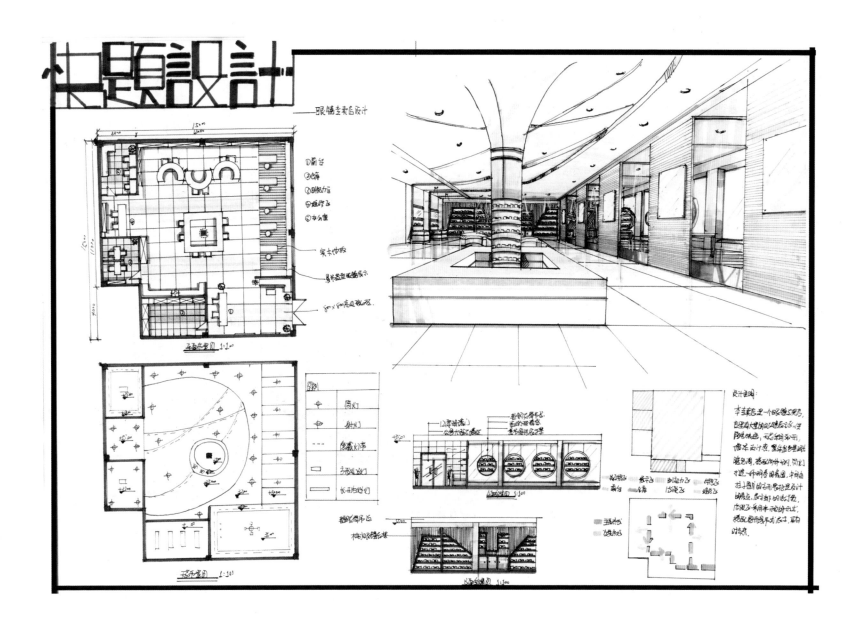

图 8-71 眼镜专卖快速设计方案

作品点评

用　　纸　A2素描纸

图纸尺寸　840mm×596mm

表现方法　NEW COLOR 马克笔+中性笔

用　　时　6小时

　　平面方案主次分明，内部封闭空间之间的联系可以更加直接。平面吊顶图表达规范稍微欠缺，分析图表达的内容显得有些少。效果图空间感较好，如果能将中岛展示放置在画面中景部分，不遮挡视线，效果则能更好。

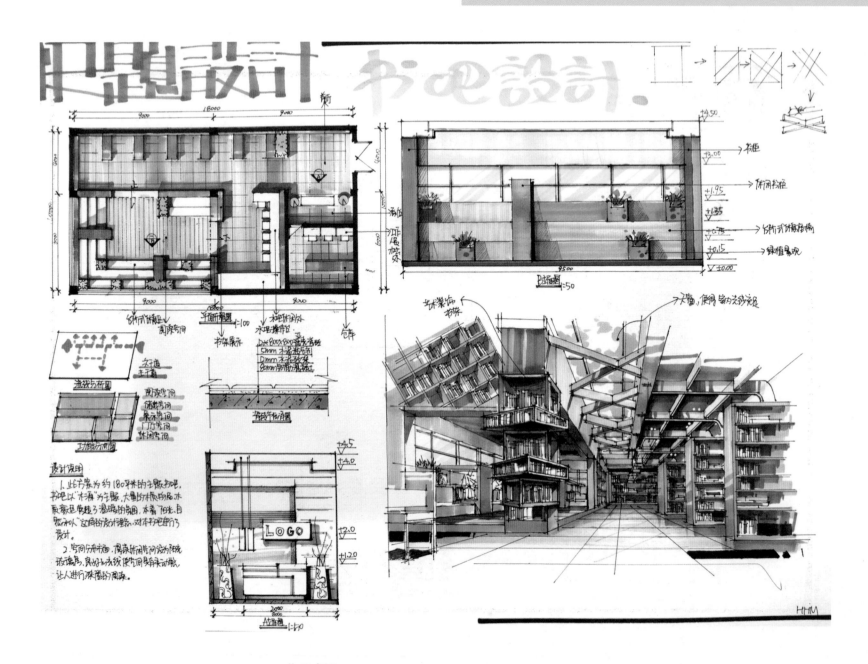

图 8-72 阅读空间快速设计

作品点评

用　　纸　A2素描纸

图纸尺寸　840mm×596mm

表现方法　NEW COLOR 马克笔+中性笔

用　　时　6 小时

　　布局上分区明确，交通清晰，空间利用充分。当前水吧空间与其他空间衔接稍微有些弱。效果图视觉冲击较强，空间感强，色调统一，各区衔接较好。图面整体内容丰富，细节可圈可点，可归为优秀快题之类。

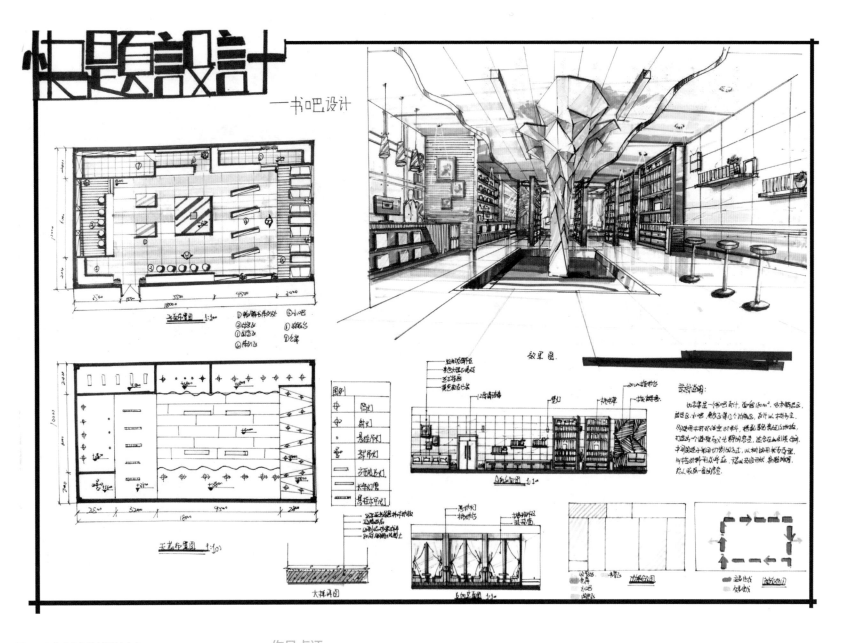

图 8-73 书吧空间快速设计方案

作品点评

用　　纸　A2素描纸

图纸尺寸　840mm×596mm

表现方法　NEW COLOR 马克笔+中性笔

用　　时　6 小时

　　布局上中岛展示陈列不够整体，有些杂乱。效果图柱子的处理较为张扬，核心空间吊顶造型及灯具设计不够协调，画面空间感较好，颜色统一。细节上吧椅位置不当。整体图面表达内容较为丰富，整体感好。

快题设计 主题酒水吧设计

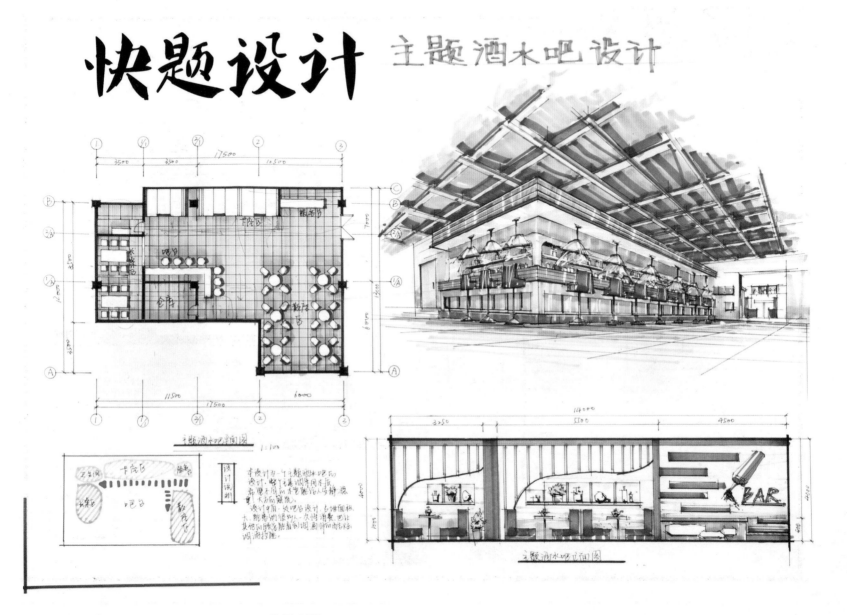

图 8-74 餐饮空间快速设计

用　　纸　　A2素描纸

图纸尺寸　　840mm×596mm

表现方法　　NEW COLOR 马克笔+中性笔

用　　时　　6小时

作品点评

方案入口长廊对整体效果影响不好，吧台空间对内使用不够便捷。效果图氛围较好。空间感比较充分，色调统一，吊顶及界面设计表达的内容如能更多，效果更佳。

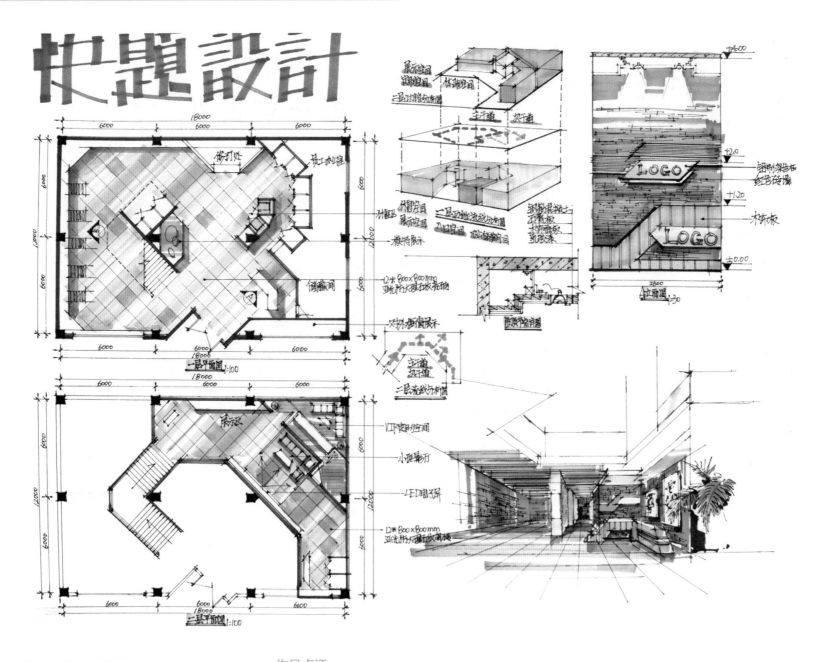

图 8-75 服装店快速设计方案

作品点评

用　　纸　A2素描纸

图纸尺寸　840mm×596mm

表现方法　NEW COLOR 马克笔+中性笔

用　　时　6 小时

方案布局上稍微欠缺，当前服务台所在空间有些拥挤，整体交通空间则过大，显得有些浪费空间。二楼定制空间面积太小，舒适度欠缺。效果图整体空间感较好，色调明确，如能再多一些细节，效果更好。

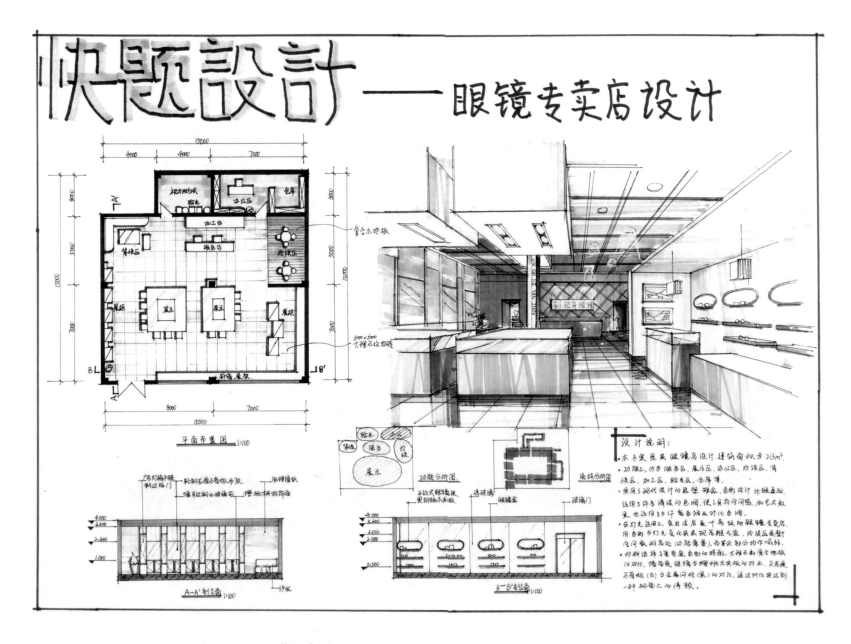

图 8-76 专卖空间快速设计

用　　纸　A2素描纸

图纸尺寸　840mm×596mm

表现方法　NEW COLOR 马克笔+中性笔

用　　时　6 小时

作品点评

　　方案布局常规，中岛展示交通稍显拥挤。保留柱子的处理稍显仓促，边界橱窗有些单一，可考虑分段、分区。入口空间设计还可以继续下功夫。效果图选角度空间有些狭隘，主体空间设计能更有内容和细节更佳。

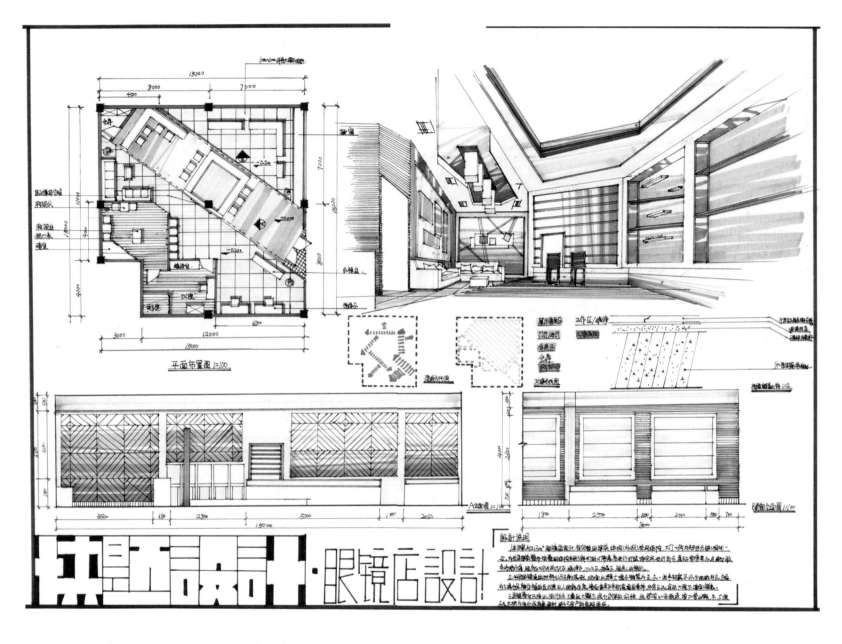

图 8-77 眼镜专卖店快速设计方案

作品点评

用　　纸　A2素描纸

图纸尺寸　840mm×596mm

表现方法　NEW COLOR 马克笔+中性笔

用　　时　6小时

　　方案力求在布局上打破常规，空间利用也较为合理。入口及指导区家具陈设与人的关系稍微显得缺乏逻辑性。整体图面表达较为细致，内容丰富。效果图空间感稍弱，选角度时候应选进深感充足的地方表达，内墙适当画小有利于效果图的空间感。如能在灯具设计上再下功夫效果更佳。

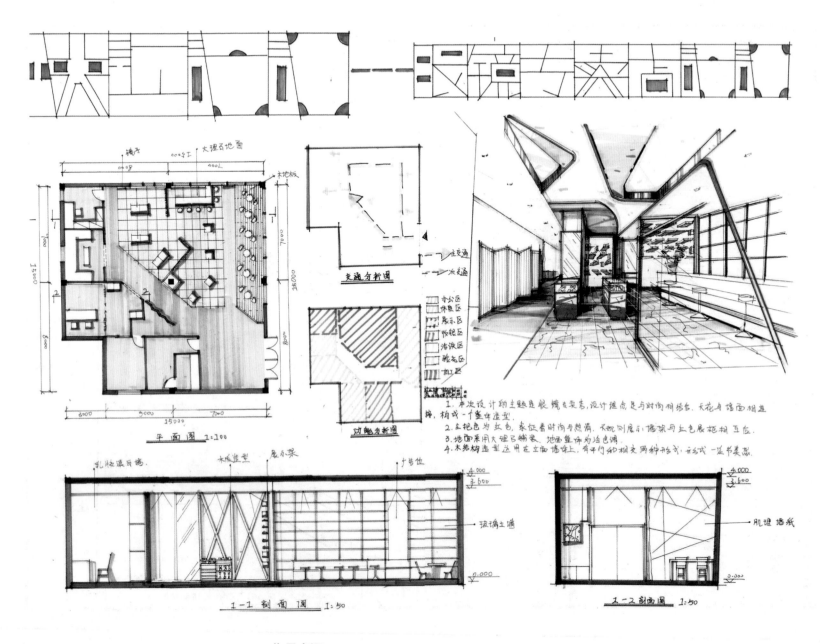

图 8-78 专卖空间快速设计方案

用　　纸　A2素描纸

图纸尺寸　840mm×596mm

表现方法　NEW COLOR 马克笔+中性笔

用　　时　6小时

作品点评

方案不够整体，当前入口及内部使用空间有些不完整，空间利用稍显欠缺，展示区域较为完善。吊顶主体效果突出，空间整体造型感较好。效果图表达空间感充分，主次突出，色调明确，颜色搭配协调，整体效果突出。

参考文献

[1] 胡海燕 . 建筑室内设计 - 思维 . 设计与制图 [M]. 北京：中国化学工业出版社，2014.

[2] 潘吾华 . 室内陈设艺术设计 [M]. 北京：中国建筑工业出版社，2013.

[3] 张月 . 室内人体工程学 [M]. 北京：中国建筑工业出版社，2012.

[4] 张绮曼，郑曙旸 . 室内设计资料集 [M]. 北京：中国建筑工业出版社，1991.

[5] 辛艺峰 . 现代商场室内设计 [M]. 北京：中国建筑工业出版社，2011.

[6] 陆震纬，来增祥 . 室内设计原理 [M]. 北京：中国建筑工业出版社，2004.

[7] 王成虎 . 景观手绘技法详解与快题方案设计 [M]. 北京：人民邮电出版社，2017.

绘世界手绘
DRAW THE WORLD DESIGN

在线报名：shouhui.net
免费热线：400-6461997

NEW COLOR™

Alcoholic Marker Assembled in China

Architecture Landscape Drawing Professional Marker.

室内&马克笔推荐用色

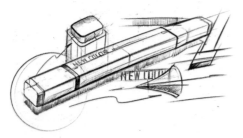

绘世界APP商城选色